KB151015

기적의 놀이육아

기적의 놀이육아

놀기만 해도 사회성, 창의력, 사고력, 공감능력이 쑥쑥 자라는
마법 같은 일상의 놀이 55

황성한 · 황우성 · 황승희 지음

서울문화사

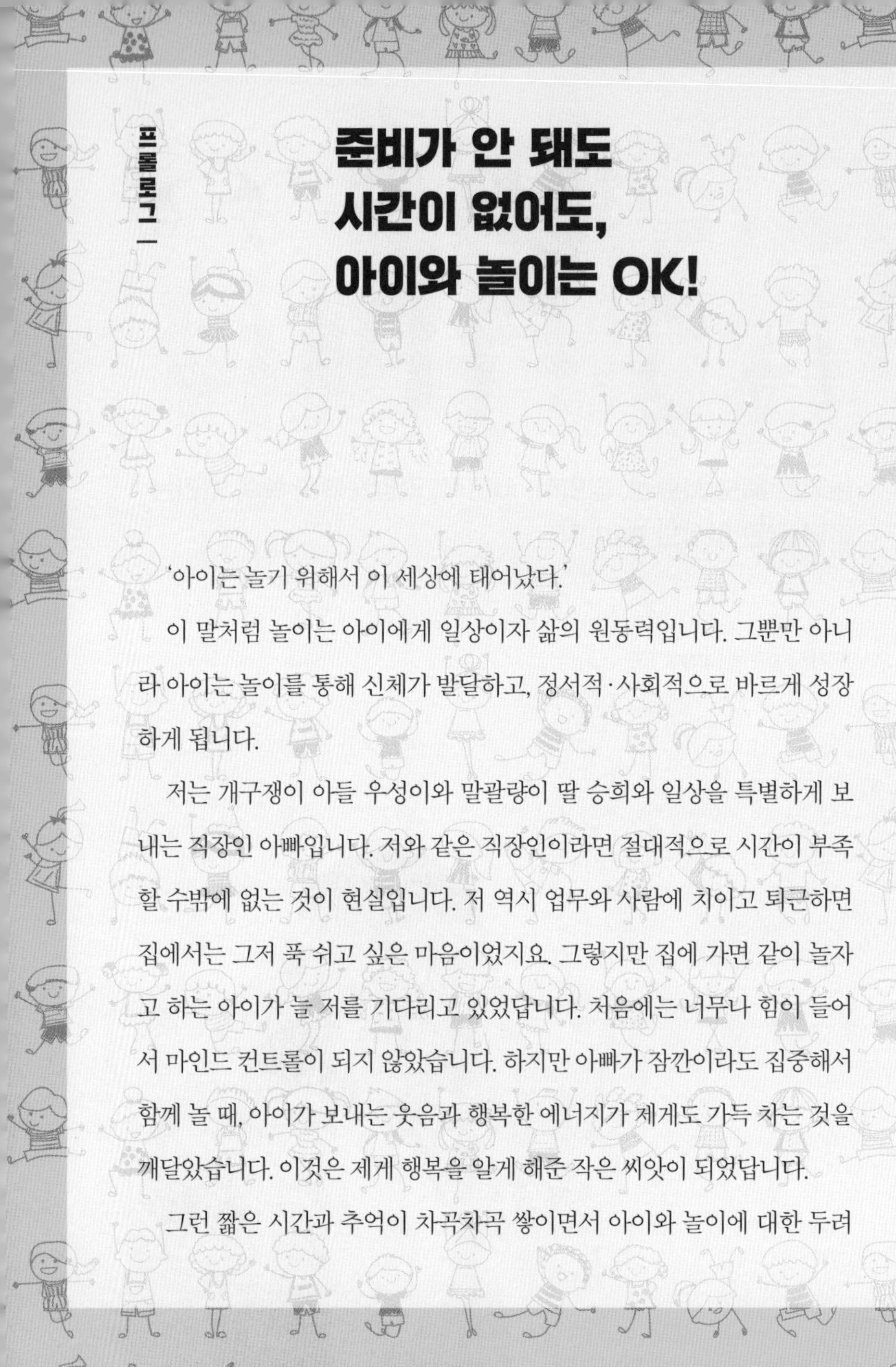

프롤로그

준비가 안 돼도 시간이 없어도, 아이와 놀이는 OK!

'아이는 놀기 위해서 이 세상에 태어났다.'

이 말처럼 놀이는 아이에게 일상이자 삶의 원동력입니다. 그뿐만 아니라 아이는 놀이를 통해 신체가 발달하고, 정서적·사회적으로 바르게 성장하게 됩니다.

저는 개구쟁이 아들 우성이와 말괄량이 딸 승희와 일상을 특별하게 보내는 직장인 아빠입니다. 저와 같은 직장인이라면 절대적으로 시간이 부족할 수밖에 없는 것이 현실입니다. 저 역시 업무와 사람에 치이고 퇴근하면 집에서는 그저 푹 쉬고 싶은 마음이었지요. 그렇지만 집에 가면 같이 놀자고 하는 아이가 늘 저를 기다리고 있었답니다. 처음에는 너무나 힘이 들어서 마인드 컨트롤이 되지 않았습니다. 하지만 아빠가 잠깐이라도 집중해서 함께 놀 때, 아이가 보내는 웃음과 행복한 에너지가 제게도 가득 차는 것을 깨달았습니다. 이것은 제게 행복을 알게 해준 작은 씨앗이 되었답니다.

그런 짧은 시간과 추억이 차곡차곡 쌓이면서 아이와 놀이에 대한 두려

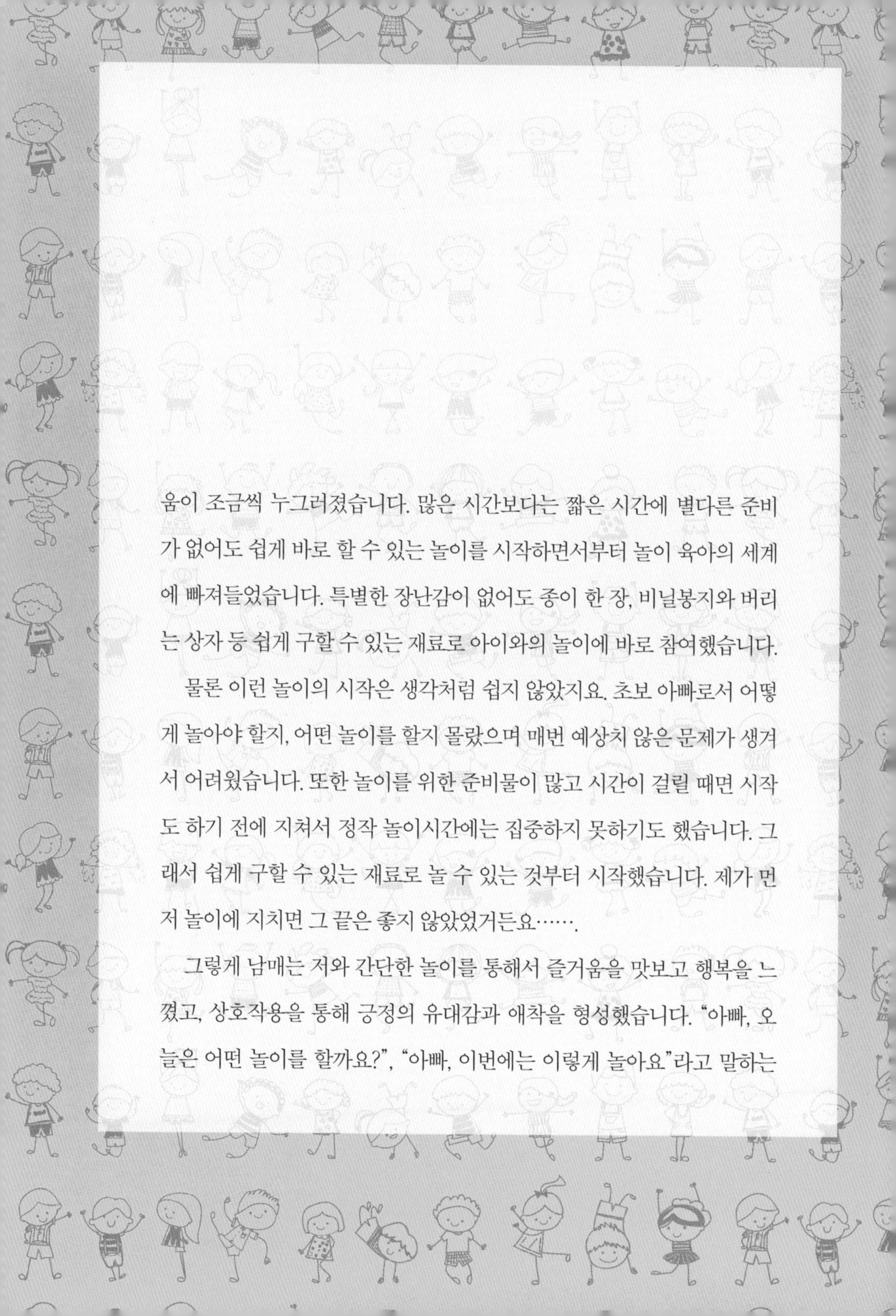

움이 조금씩 누그러졌습니다. 많은 시간보다는 짧은 시간에 별다른 준비가 없어도 쉽게 바로 할 수 있는 놀이를 시작하면서부터 놀이 육아의 세계에 빠져들었습니다. 특별한 장난감이 없어도 종이 한 장, 비닐봉지와 버리는 상자 등 쉽게 구할 수 있는 재료로 아이와의 놀이에 바로 참여했습니다.

물론 이런 놀이의 시작은 생각처럼 쉽지 않았지요. 초보 아빠로서 어떻게 놀아야 할지, 어떤 놀이를 할지 몰랐으며 매번 예상치 않은 문제가 생겨서 어려웠습니다. 또한 놀이를 위한 준비물이 많고 시간이 걸릴 때면 시작도 하기 전에 지쳐서 정작 놀이시간에는 집중하지 못하기도 했습니다. 그래서 쉽게 구할 수 있는 재료로 놀 수 있는 것부터 시작했습니다. 제가 먼저 놀이에 지치면 그 끝은 좋지 않았었거든요…….

그렇게 남매는 저와 간단한 놀이를 통해서 즐거움을 맛보고 행복을 느꼈고, 상호작용을 통해 긍정의 유대감과 애착을 형성했습니다. "아빠, 오늘은 어떤 놀이를 할까요?", "아빠, 이번에는 이렇게 놀아요"라고 말하는

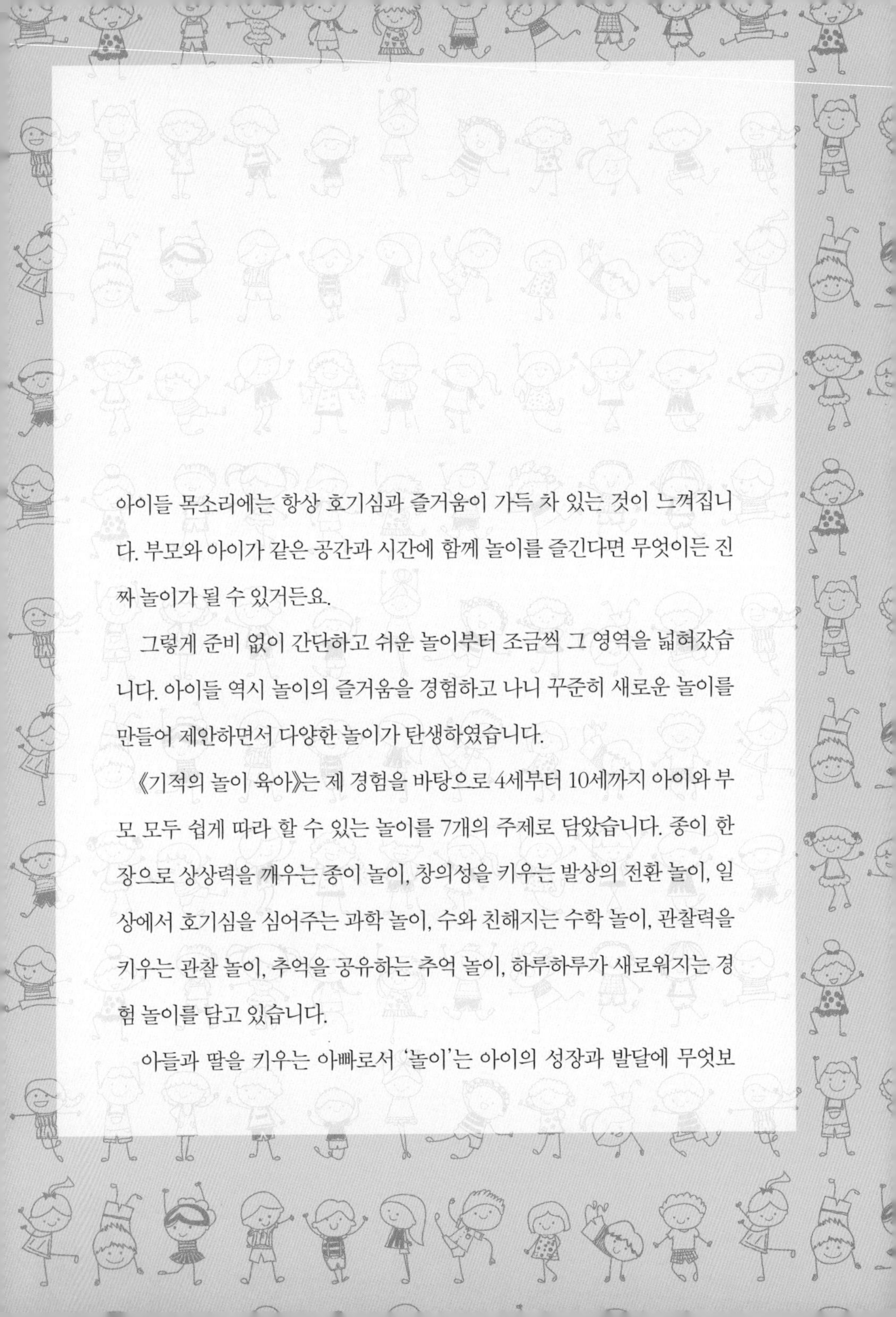

아이들 목소리에는 항상 호기심과 즐거움이 가득 차 있는 것이 느껴집니다. 부모와 아이가 같은 공간과 시간에 함께 놀이를 즐긴다면 무엇이든 진짜 놀이가 될 수 있거든요.

그렇게 준비 없이 간단하고 쉬운 놀이부터 조금씩 그 영역을 넓혀갔습니다. 아이들 역시 놀이의 즐거움을 경험하고 나니 꾸준히 새로운 놀이를 만들어 제안하면서 다양한 놀이가 탄생하였습니다.

《기적의 놀이 육아》는 제 경험을 바탕으로 4세부터 10세까지 아이와 부모 모두 쉽게 따라 할 수 있는 놀이를 7개의 주제로 담았습니다. 종이 한 장으로 상상력을 깨우는 종이 놀이, 창의성을 키우는 발상의 전환 놀이, 일상에서 호기심을 심어주는 과학 놀이, 수와 친해지는 수학 놀이, 관찰력을 키우는 관찰 놀이, 추억을 공유하는 추억 놀이, 하루하루가 새로워지는 경험 놀이를 담고 있습니다.

아들과 딸을 키우는 아빠로서 '놀이'는 아이의 성장과 발달에 무엇보

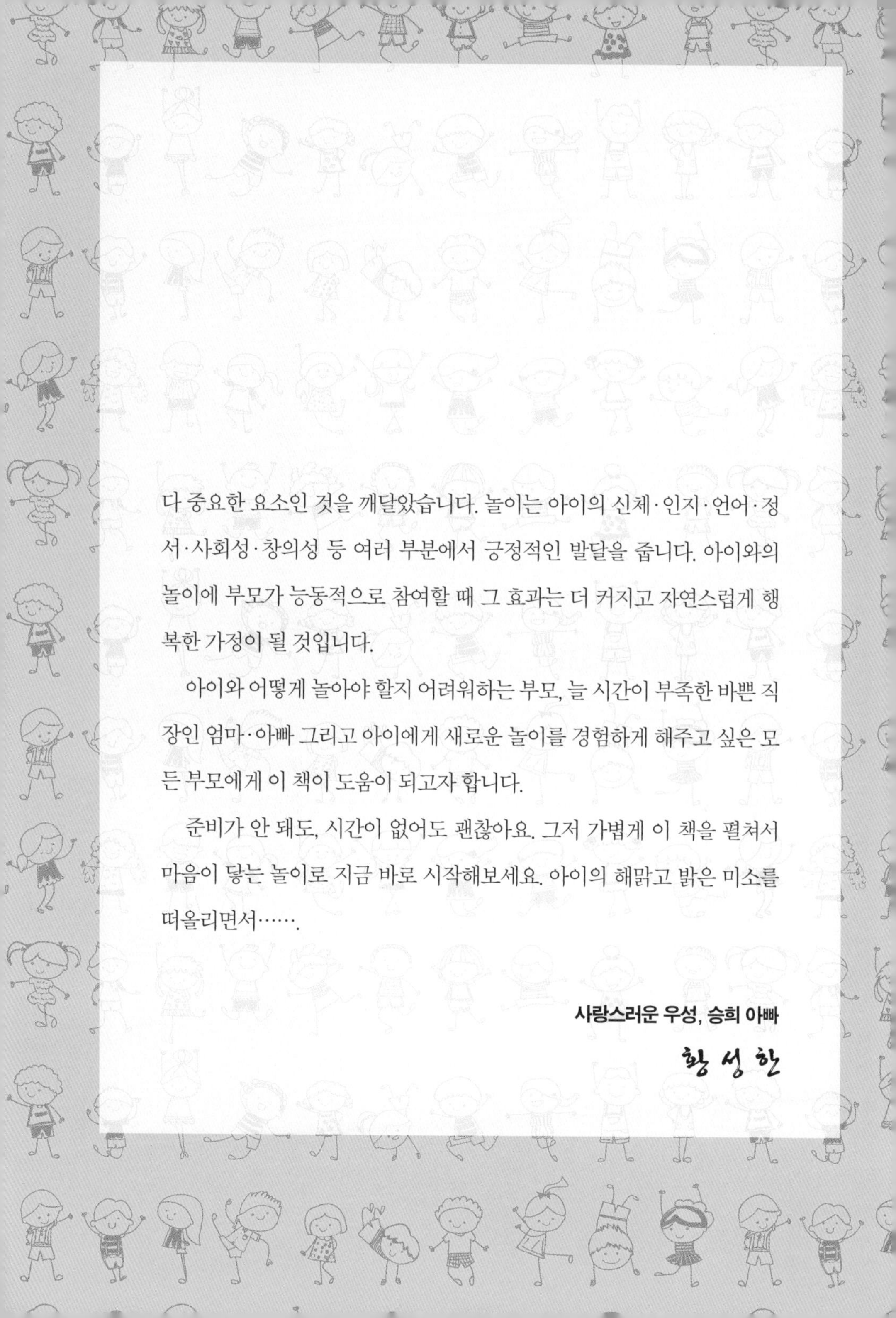

다 중요한 요소인 것을 깨달았습니다. 놀이는 아이의 신체·인지·언어·정서·사회성·창의성 등 여러 부분에서 긍정적인 발달을 줍니다. 아이와의 놀이에 부모가 능동적으로 참여할 때 그 효과는 더 커지고 자연스럽게 행복한 가정이 될 것입니다.

아이와 어떻게 놀아야 할지 어려워하는 부모, 늘 시간이 부족한 바쁜 직장인 엄마·아빠 그리고 아이에게 새로운 놀이를 경험하게 해주고 싶은 모든 부모에게 이 책이 도움이 되고자 합니다.

준비가 안 돼도, 시간이 없어도 괜찮아요. 그저 가볍게 이 책을 펼쳐서 마음이 닿는 놀이로 지금 바로 시작해보세요. 아이의 해맑고 밝은 미소를 떠올리면서…….

사랑스러운 우성, 승희 아빠

황성한

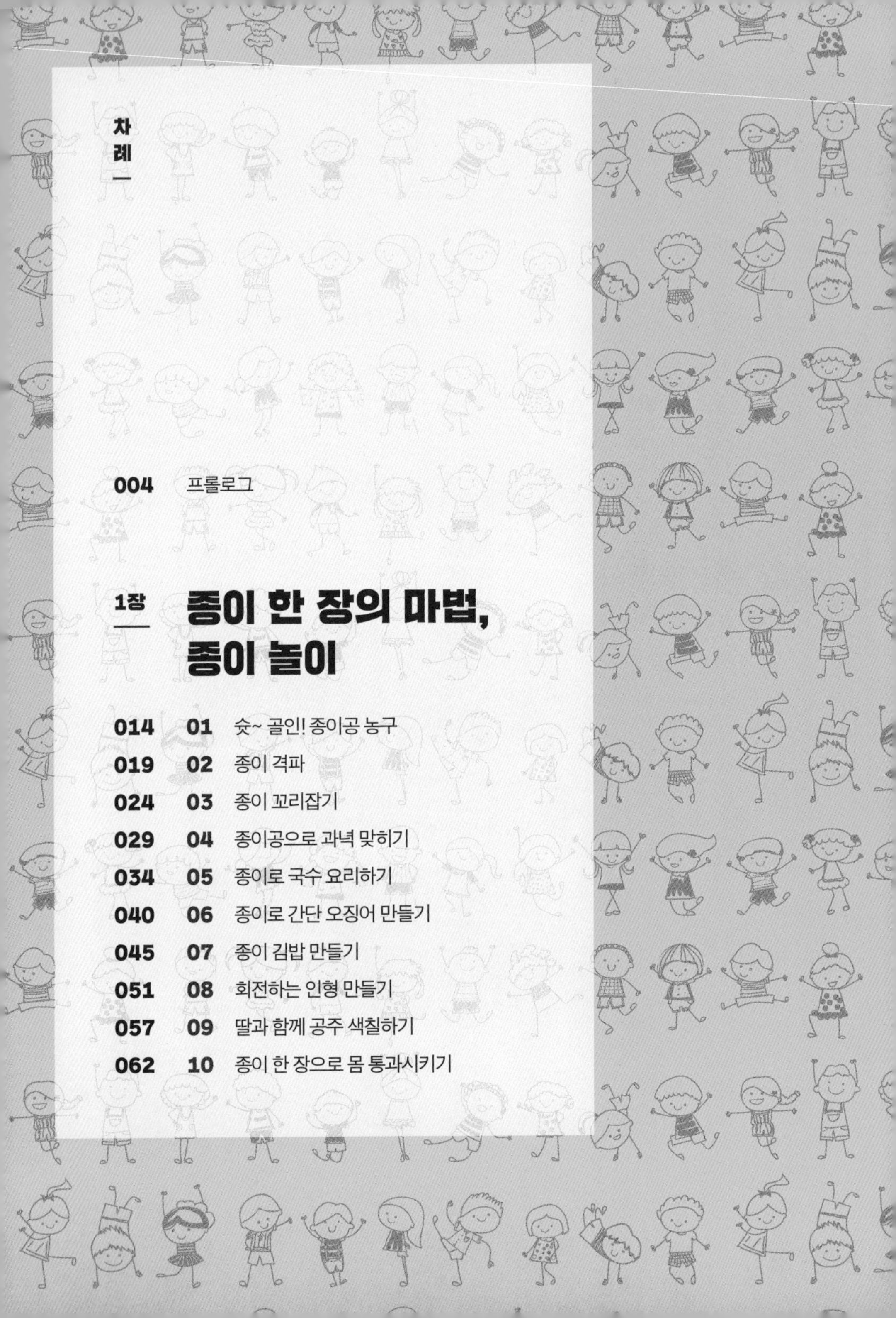

차례

004 프롤로그

1장 종이 한 장의 마법, 종이 놀이

014 01 슛~ 골인! 종이공 농구
019 02 종이 격파
024 03 종이 꼬리잡기
029 04 종이공으로 과녁 맞히기
034 05 종이로 국수 요리하기
040 06 종이로 간단 오징어 만들기
045 07 종이 김밥 만들기
051 08 회전하는 인형 만들기
057 09 딸과 함께 공주 색칠하기
062 10 종이 한 장으로 몸 통과시키기

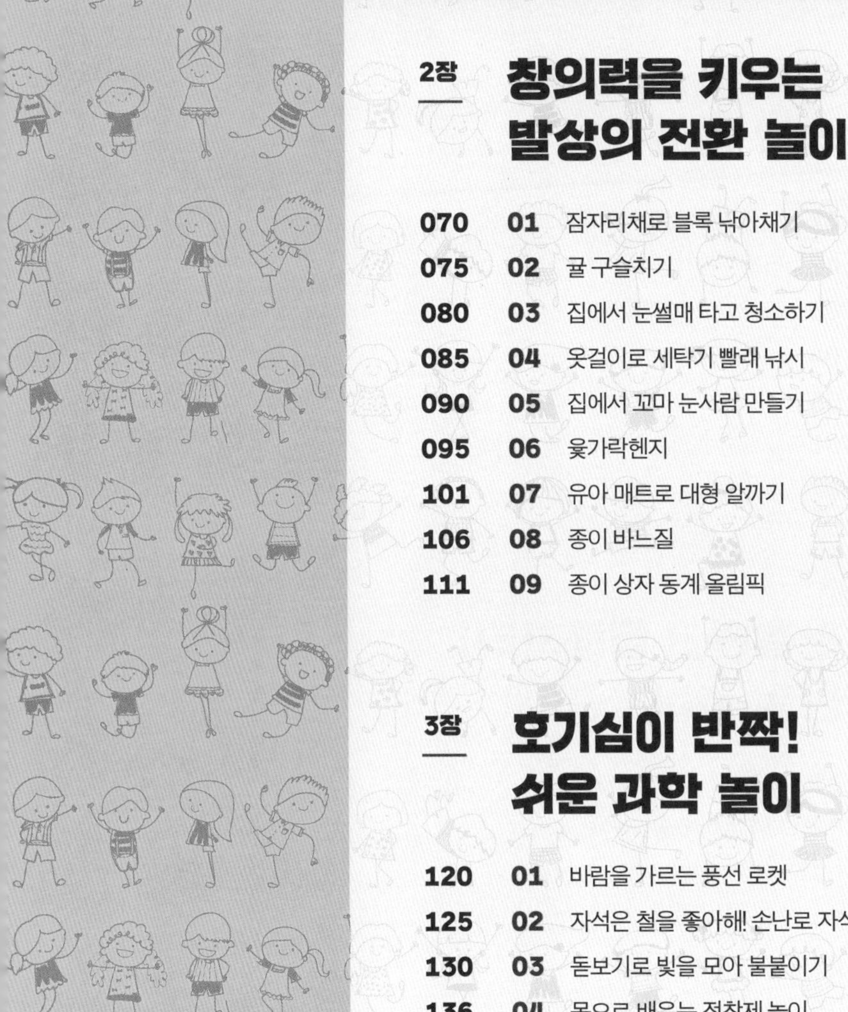

2장 창의력을 키우는 발상의 전환 놀이

070 01 잠자리채로 블록 낚아채기
075 02 귤 구슬치기
080 03 집에서 눈썰매 타고 청소하기
085 04 옷걸이로 세탁기 빨래 낚시
090 05 집에서 꼬마 눈사람 만들기
095 06 윷가락헨지
101 07 유아 매트로 대형 알까기
106 08 종이 바느질
111 09 종이 상자 동계 올림픽

3장 호기심이 반짝! 쉬운 과학 놀이

120 01 바람을 가르는 풍선 로켓
125 02 자석은 철을 좋아해! 손난로 자석 놀이
130 03 돋보기로 빛을 모아 불붙이기
136 04 몸으로 배우는 접착제 놀이
141 05 탁구공을 원상 복구하라
146 06 와인 오프너 놀이
151 07 사라진 동전 찾기
156 08 흡착 놀이

4장 숫자와 친해지는 수학 놀이

164 01 수를 표현하는 숫자 체조
170 02 달걀판 동전 슛
176 03 유아 매트로 도형 만들기
182 04 버리는 달력 수 놀이
188 05 7개 도형, 칠교판 놀이
193 06 수와 돈의 개념을 배우는 동전 놀이
199 07 무게를 버티는 종이

5장 관찰하고 집중하라! 관찰 놀이

208 01 동물 움직임 따라 하기
214 02 나무젓가락 글자 놀이
220 03 나무젓가락 입술에서 오래 버티기
225 04 비누거품 놀이
230 05 비닐봉지 공중 부양
236 06 새싹 키우기
242 07 달걀판 패턴 만들기
247 08 숟가락 뒤집어 넣기
252 09 종이컵 거미손 놀이

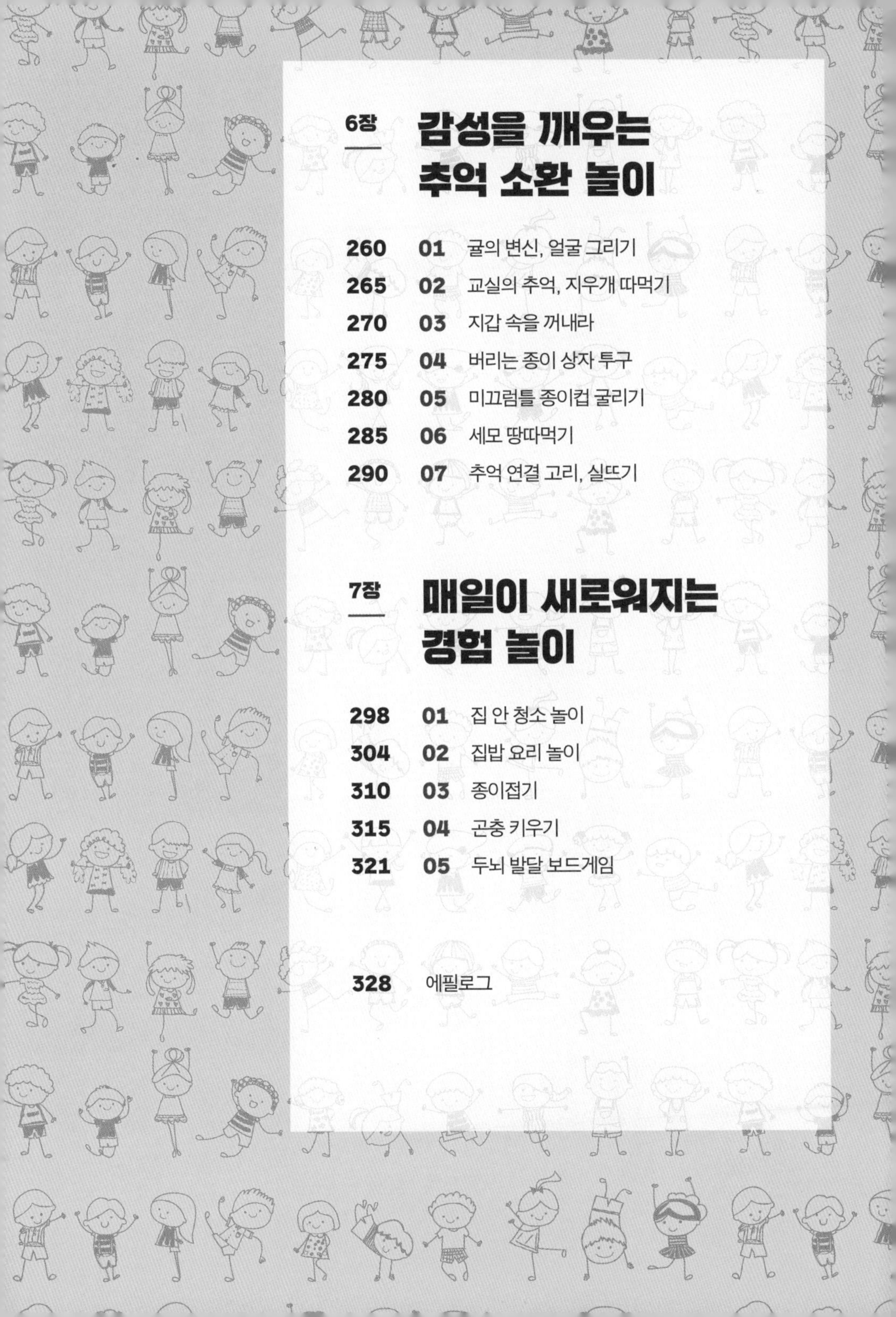

6장 감성을 깨우는 추억 소환 놀이

260 01 귤의 변신, 얼굴 그리기
265 02 교실의 추억, 지우개 따먹기
270 03 지갑 속을 꺼내라
275 04 버리는 종이 상자 투구
280 05 미끄럼틀 종이컵 굴리기
285 06 세모 땅따먹기
290 07 추억 연결 고리, 실뜨기

7장 매일이 새로워지는 경험 놀이

298 01 집 안 청소 놀이
304 02 집밥 요리 놀이
310 03 종이접기
315 04 곤충 키우기
321 05 두뇌 발달 보드게임

328 에필로그

1장

종이 한 장의 마법, 종이 놀이

숏~ 골인! 종이공 농구 • 종이 격파 • 종이 꼬리잡기 • 종이공으로 과녁 맞히기 • 종이로 국수 요리하기 • 종이로 간단 오징어 만들기 • 종이 김밥 만들기 • 회전하는 인형 만들기 • 딸과 함께 공주 색칠하기 • 종이 한 장으로 몸 통과시키기

종이 한 장으로 상상력을 깨우자

–

"종이 한 장으로 어떤 놀이를 하시나요?"

육아와 놀이 강의를 하면서 엄마와 아빠에게 이렇게 물으면 대부분 종이접기와 그리기를 가장 많이 한다고 대답합니다. 저 또한 종이로 아이와 놀이를 하기 전에는 이와 비슷했습니다. 하지만 종이를 가지고 아이들과 놀다 보니 새로운 놀이가 계속 탄생하고 있습니다.

집에서 쉽게 구할 수 있는 종이 한 장이 부모와 아이 사이를 연결해주는 재미있는 놀이 재료가 됩니다. 종이공을 활용한 다양한 놀이와 쉽고 간단한 그리기, 만들기 등 활동적인 놀이부터 정적인 놀이까지 계속 진화하고 있습니다.

'종이 놀이' 편에서는 특별하거나 거창한 장난감이 없어도 종이로 아이와 재미있게 놀 수 있는 놀이를 소개합니다. 마트의 전단, 고지서, A4 용지, 신문지, 달력 등 어떤 종이라도 상관없습니다. 일단 종이 한 장을 손에 들고 놀이를 시작하면 됩니다. 아이의 생각을 자유롭게 펼치며 상상력을 깨우는 매력적인 '종이 놀이'를 시작합니다.

01

슛~ 골인! 종이공 농구

슛~ 골인! 종이공 농구, 어떤 놀이일까요?

집 안에는 의외로 버리는 종이가 많습니다. 여러 가지 전단과 신문지, 다 쓴 A4 용지를 그냥 버리지 말고 놀이 재료로 사용하면 좋습니다. 집 안에 공이나 농구대가 없어도 종이를 가지고 아이와 함께 할 수 있는 '슛~ 골인! 종이공 농구'입니다.

우리 집은 이렇게 놀이를 해요

–

준비물 다 쓴 A4 용지나 신문지, 전단 등

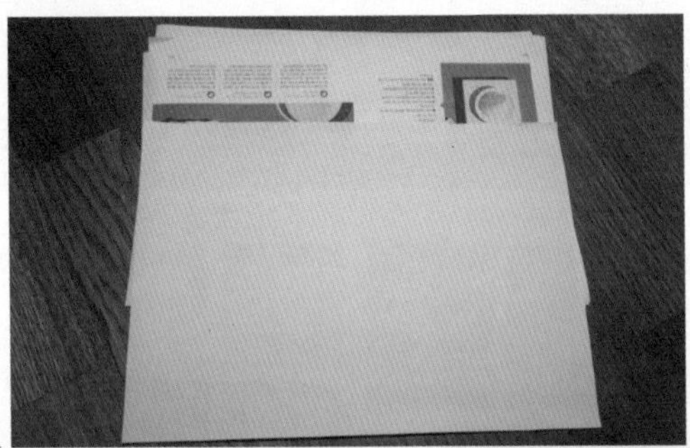

1

2

놀이 방법

1 **버리는 종이를 준비하세요.** | 다 쓴 종이, 마트의 전단, 어린이집과 유치원 소식지 등을 버리지 말고 여러 장 준비하세요.

2 **종이를 구겨서 종이공을 만드세요.** | 아이와 함께 종이를 구겨서 공처럼 동그랗게 만듭니다. 종이 한 장으로 작은 공을 만들거나 여러 장을 뭉쳐서 더 크게 만들어도 좋습니다.

3

3 두 팔로 만든 농구 골대에 종이공을 던져 넣어주세요. | 엄마나 아빠가 두 팔을 포개서 농구 골대를 만든 다음 아이와 일정한 거리를 두고 떨어져 자리를 잡습니다. 먼저 아이가 골대에 종이공을 시원하게 던져서 넣습니다. 서로 역할을 바꿔가면서 종이공을 슛~ 던져 넣습니다.

함께 하면 더 좋은 놀이

–

종이공 야구

종이를 여러 장 겹쳐 길게 말아서 야구 배트를 만듭니다. 아이는 날아오는 종이공을 종이 배트로 시원하게 쳐냅니다. 종이공으로 축구를 해도 좋습니다.

야구 외에도 배트로 바닥에 있는 공을 밀어내어 골인 지점에 넣는 종이공 하키도 재미있습니다. 이렇듯 종이공으로 아이와 놀다 보면 생각하지 못한 여러 가지 놀이가 탄생합니다.

놀이가 주는 효과

종이공을 활용한 놀이는 아이의 신체 발달에 좋습니다. 종이공을 던지면서 대근육이 발달하고, 골대에 종이공을 정확히 집어넣으면서 집중력이 향상됩니다. 단순히 종이 한 장으로 농구, 야구, 축구,

하키 등과 같은 역동적이고 활동적인 놀이가 만들어집니다. 아이는 종이 공으로 한 가지 놀이만 하는 것이 아니라 새로운 놀이를 만들어가는 유연성 있는 사고를 하게 됩니다.

초록감성 우성 아빠의 이야기

마트 전단을 얻게 되면 아이와 함께 펼쳐 들고 과일, 채소, 고기, 여러 가지 상품에 대해 알려준 다음 무엇인지 알아맞히기 놀이를 하고, 가격을 보며 숫자를 익히기도 합니다. 그런 후 공처럼 구겨서 쓰레기통에 던져 넣으면서 놀이를 계속하고 있습니다.

02

종이 격파

종이 격파, 어떤 놀이일까요?

아이가 종이를 손으로 치거나 발로 차서 찢는 놀이입니다. 인적 사항이 적혀 있는 우편물과 관리비 영수증을 찢어서 버릴 때 종이 찢는 소리가 참 경쾌하다는 생각이 들었습니다. '아이에게 버리는 종이를 찢게 하면 재미있어하지 않을까?'라는 생각이 들어서 직접 해보니 아이는 기대보다 더욱 신나 했습니다. 이렇게 해서 '종이 격파'는 즐거운 놀이가 되었습니다.

우리 집은 이렇게 놀이를 해요

–

준비물 다 쓴 A4 용지나 신문지, 전단 등

1

놀이 방법

1 **다 쓴 종이를 준비하세요.** | 아이는 힘이 약해서 주먹으로 종이를 격파하지 못할 때가 많습니다. 그래서 먼저 종이의 중간 부분을 살짝 찢어줍니다. 아이의 눈높이에 맞춰 앉은 후 두 손으로 종이를 팽팽하게 잡습니다.

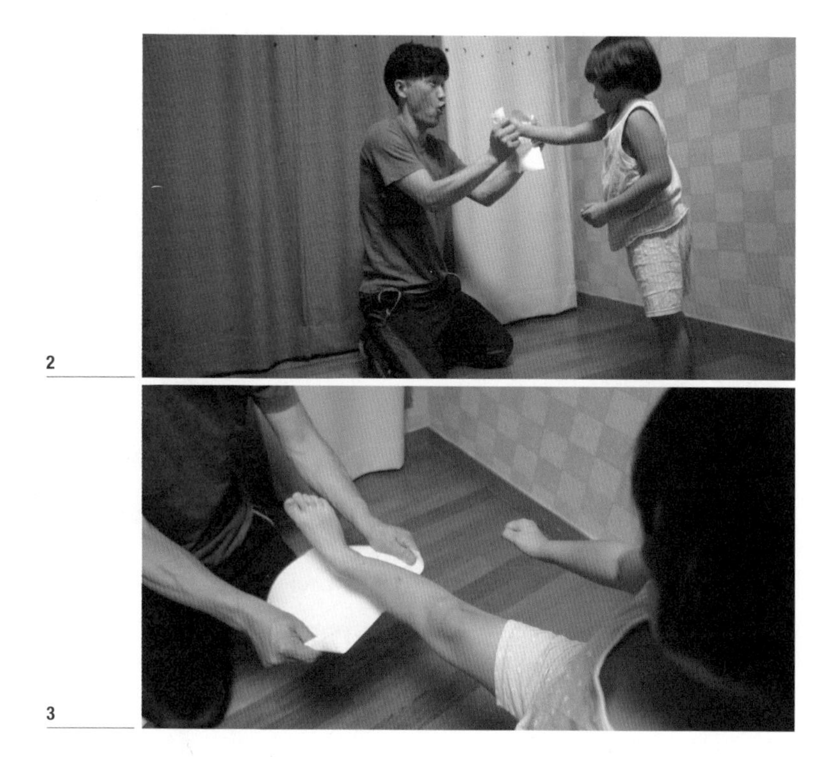

2

3

2 주먹으로 종이를 격파하게 해주세요. | 아이에게 주먹을 쥐게 한 다음 종이 격파하는 방법을 알려줍니다. 아이가 주먹으로 종이를 치는 순간, 그 타이밍에 맞춰서 종이를 잡고 있는 두 손으로 찢어줍니다. 종이는 얇지만 날카로워서 찰과상을 입을 우려가 있으니 다치지 않도록 종이를 잘 잡아주어야 합니다.

3 발차기로 종이를 격파하게 해주세요. | 발차기로 격파할 수 있게 종이를 바닥면과 수평으로 잡아줍니다. 아이에게 아래에서 위로 발을 올려 차거나 위에서 아래로 내려 차는 방법을 알려줍니다. 이번에도 주먹으로 격파하는 것과 마찬가지로 발차기 타이밍에 맞춰서 종이를 찢어줍니다. 태권도를 배운 아이라면 종이를 옆으로 잡고 옆차기로 종이를 격파해도 좋습니다.

함께 하면 더 좋은 놀이

–

종이길 만들기

손으로 종이를 길게 찢습니다. 기다란 종이를 바닥에 놓고 서로 연결하면서 철길처럼 만들어줍니다. 종이길을 누가 더 빨리, 더 길게 만드는지 아이와 경기를 합니다. 이 놀이는 아이의 승부욕과 경쟁심을 불러일으킵니다.

놀이가 주는 효과

'종이 격파' 놀이의 가장 큰 효과는 아이의 스트레스를 한 방에 날려버리는 것입니다. 아이도 어른과 비슷하게 여러 가지 이유로 스트레스를 받습니다. 이때 아이의 스트레스를 부모가 함께 해소해주는 것이 필요합니다.

아이는 종이를 격파할 때 짜릿한 기분을 맛볼 수 있고, 종이가 찢어질 때

나는 경쾌한 소리를 들으면서 스트레스가 자연스럽게 풀립니다. 자기 힘으로 종이를 시원하게 찢는 순간 아이의 얼굴에 미소가 떠오릅니다. 아이는 주먹과 발로 종이를 격파할 때 작은 희열과 성취감을 얻게 됩니다.

초록감성 우성 아빠의 이야기

아이와 아빠가 함께 하는 놀이 강의를 할 때마다 아빠들은 '재미가 있을까?' 하는 표정을 지어 보이시곤 합니다. 하지만 종이 격파 놀이를 시작하면 아이들은 단순히 찢고 격파하는 행동만으로도 매우 즐거워하지요. 때로는 A4 용지 한 장이 손바닥보다 작아질 때까지 격파하면서 아이들과 아빠 모두 재미있어한답니다.

03

종이 꼬리잡기

종이 꼬리잡기, 어떤 놀이일까요?

꼬리잡기는 마당이나 운동장에서 앞사람의 허리를 잡고 길게 늘어서서 상대편의 꼬리를 어느 편이 먼저 잡는가를 겨루는 집단 놀이이자 널리 알려진 민속놀이입니다.

이 놀이를 응용해서 탄생한 것이 바로 집에서 하는 '종이 꼬리잡기'입니다. 아이와 단둘이서 할 수 있으며 집 안이나 공원에서 해도 신나는 놀이가 됩니다.

우리 집은 이렇게 놀이를 해요

–

준비물 다 쓴 A4 용지나 신문지, 전단 등

1

놀이 방법

1 **종이를 꼬리처럼 기다랗게 만드세요.** | 종이를 접거나 구겨서 기다랗게 꼬리를 만듭니다.

2

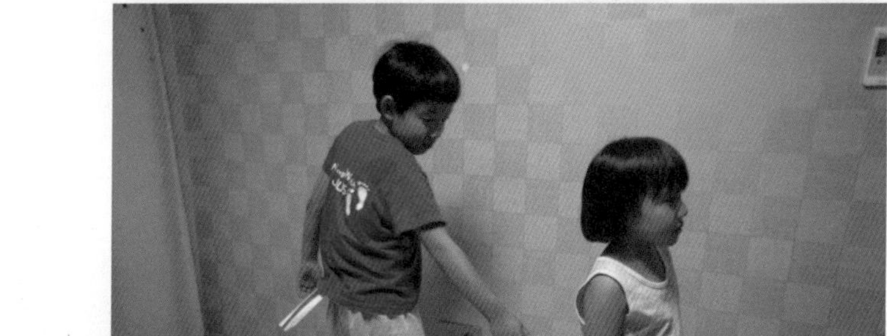
3

2 허리춤에 종이 꼬리를 달아주세요. | 아이의 허리춤에 종이 꼬리를 달고 꼬리가 엉덩이 밖으로 나오게 합니다. 엄마와 아빠도 아이와 똑같이 종이 꼬리를 허리춤에 답니다.

3 아이의 꼬리를 잡으세요. | 아이의 꼬리를 잡아 빼앗으면 됩니다. 단, 아이의 꼬리를 단번에 잡지 말고 아슬아슬하게 놓쳐줍니다. 그리고 아이가 꼬리를 잡히지 않게 원을 그리면서 피하도록 도와줍니다. 집에서 이 놀이를 할 때는 아래층에 층간 소음이 발생할 수 있으니 꼭 매트 위에서 하는 것이 좋습니다.

함께 하면 더 좋은 놀이

–

종이 점프와 림보

종이 점프는 매트 위에서 종이 막대를 들고 아이가 점프해서 종이 막대를 뛰어넘는 것입니다. 이뿐만 아니라 아이가 손을 뻗어서 닿을 수 있는 정도보다 더 높은 지점에서 종이 막대를 들고 아이가 점프해서 손으로 종이 막대를 잡는 놀이를 합니다. 또한 종이 막대로 아이의 유연성을 키워주는 림보 놀이도 좋습니다.

놀이가 주는 효과

'종이 꼬리잡기'는 아이가 온몸으로 뛰는 신체 활동 놀이입니다.

종이 한 장으로 꼬리를 만들고 잡으면서 가볍게 아이와 즐기면 됩니다. 이 놀이에서 아이는 잡기, 뛰기, 멈추기를 하면서 팔과 다리를 움직이고 대근육을 조절합니다. 또한 움직이는 종이 꼬리를 잡으면서 눈과 손과 다리의 협응력이 향상되고 민첩성이 발달합니다.

초록감성 우성 아빠의 이야기

저는 '종이 꼬리잡기'를 할 때 꼬리가 있는 동물에 빗대어서 아이와 서로 이름을 정합니다. 아이는 원숭이, 아빠는 말과 같이 동물을 형상화하면 아이는 좀 더 흥미롭게 놀이에 참여합니다. '도망가는 원숭이를 잡자~', '말 꼬리를 잡자~' 하면서 꼬리가 달린 동물로 변신하고 이름을 붙이니 아이도 놀이에 집중하고 즐거워합니다.

이 놀이를 할 때 아이가 꼬리를 잡히지 않으려고 지나치게 흥분해서 뛸 수 있습니다. 특히 집 안에서 할 때는 아이가 속도를 조절할 수 있게 잘 유도해야 합니다.

04

종이공으로 과녁 맞히기

종이공으로 과녁 맞히기, 어떤 놀이일까요?

아이들은 공을 던지고 발로 차는 것을 좋아합니다. 밖에서 공놀이하는 것을 좋아하지만 날씨가 좋지 않을 때는 할 수 없는 아쉬움이 있었습니다. 또한 집에서 공을 던지는 것은 부담스럽고 아래층 사람들에게 소음이 될까 봐 걱정되었습니다.

아이들이 좋아하는 던지기를 마음껏 할 수 있는 '종이공으로 과녁 맞히기'를 소개합니다.

우리 집은 이렇게 놀이를 해요

–

준비물 다 쓴 종이, 수성 펜, 칠판

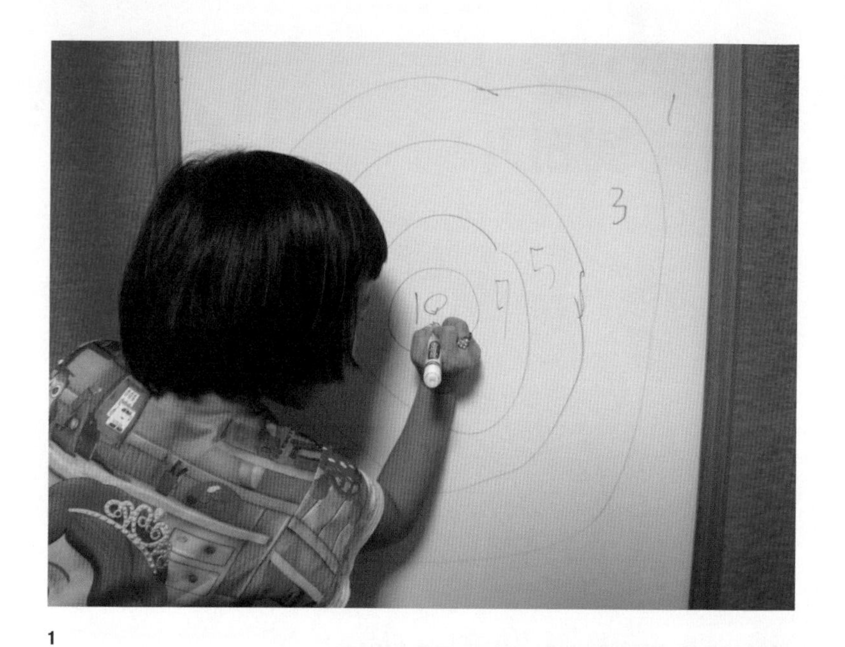

1

놀이 방법

1 **칠판에 과녁을 그려주세요.** | 칠판에 수성 펜으로 과녁을 그립니다. 아이가 과녁을 잘 그리지 못하면 부모가 도와주지만 최대한 아이가 원하는 모양으로 그릴 수 있게 해주세요. 과녁에 점수를 표시합니다. 아이가 과녁을 삐뚤삐뚤 그리더라도 스스로 할 수 있게 기회를 주세요.

2

3

2 종이를 구겨서 종이공을 만드세요. | 종이공을 3~5개 정도 만듭니다. 아이가 직접 종이를 구기면서 종이 소리를 듣게 해줍니다.

3 과녁에 종이공을 던져주세요. | 과녁에서 일정한 거리에 던지기 선을 표시합니다. 아이와 번갈아가면서 과녁에 종이공 맞히기를 합니다. 종이공으로 맞힌 점수를 과녁 옆에 적습니다. 아이가 계산을 할 수 있다면 직접 계산하게 하고 아니라면 부모가 도와줍니다.

함께 하면 더 좋은 놀이

–

종이공 바구니에 던져 넣기

집에 있는 빨래 바구니, 종이 상자, 쓰레기통을 활용하는 놀이입니다. 빨래 바구니를 두고 일정한 거리에서 신문지나 종이를 구겨서 만든 종이공을 던져 넣습니다. 빨래 바구니에 던지는 종이공의 수를 아이와 함께 세면서 가볍게 수를 배울 수 있습니다.

놀이가 주는 효과

아이들은 3세가 지나면서 대근육과 소근육의 운동 능력이 높아져 공을 던지고 받는 것을 좋아하게 됩니다. 종이공을 던져 과녁 중앙 가까이에 맞히면 굉장히 기뻐합니다. 이때 아이들은 작은 성취감을 맛보고, 과녁 중앙에 종이공을 맞히기 위해 집중력을 발휘합니다. 또한 놀이가 끝난 후 과녁에 맞힌 종이공의 점수를 계산하면서 수에 익숙해집니다.

초록감성 우성 아빠의 이야기

이 놀이는 우성이가 고안해낸 아이디어입니다. 종이공으로 놀자고 하니 아이는 좋은 아이디어가 있다며 창문에 직접 과녁을 그렸습니다. 그렇게 탄생한 이 놀이는 이제 저희 집의 단골 놀이가 되었습니다. 승희는 다 쓴 종이 뭉치를 책상에 쌓아놓고 종이공 놀이를 하자고 제안합니다. 그만큼 아이들은 아빠와 재미있게 즐겼던 놀이의 기억을 잊지 못하고 계속하기를 원합니다.

05

종이로 국수 요리하기

종이로 국수 요리하기, 어떤 놀이일까요?

종이로 국수 요리하기라고 하면 감이 오시나요? 종이 찢기를 하다가 5세 승희가 젓가락을 이용해서 종잇조각을 집어 들었습니다. 그때 종이를 길쭉하게 말아서 하는 국수 만들기 놀이가 떠올랐습니다.

우리 집은 이렇게 놀이를 해요

–

준비물 다 쓴 A4 용지 2~3장, 종이 접시(없으면 종이로 접어서 만들면 돼요), 나무젓가락

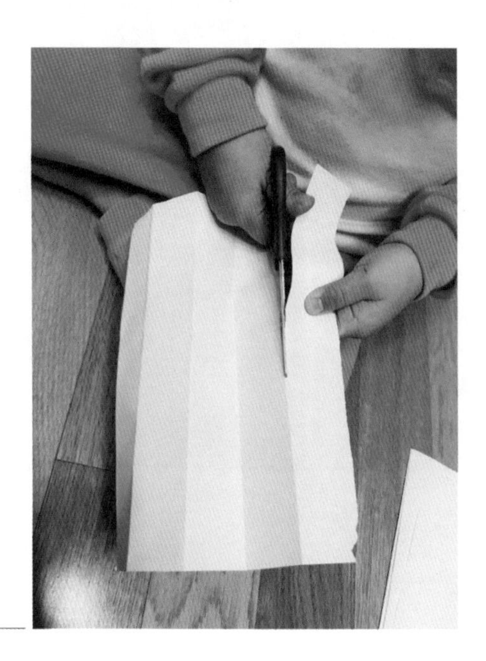

1

놀이 방법

1 **A4 용지를 길게 찢어주세요.** | 종이의 긴 면을 따라서 3~4cm 너비로 자르세요. 가위로 예쁘게 잘라도 되고 손으로 길게 찢어도 됩니다. 그리고 종이를 길쭉하게 뭉쳐주세요. 돌돌 말아도 괜찮아요.

2

3

2 국수 가락을 10개 정도 만드세요. | 국수 가락을 10개 정도 만들어서 준비해주세요. 수량은 아이가 원하는 대로 만들면 되고 작은 상자 위에 올려놓고 가스레인지로 조리하듯 놀아도 좋아요. 다 만든 국수 가락을 접시에 올려놓습니다.

3 나무젓가락으로 국수를 집어서 맛있게 먹어요. | 아이와 함께 다 만든 국수를 나무젓가락으로 집어 먹으면 됩니다. 진짜로 먹는 게 아니라는 건 아시죠? 엄마나 아빠가 맛있게 먹는 시늉을 하고 아이가 먹을 때도 맛있게 먹는 연기를 함께 해주세요.

함께 하면 더 좋은 놀이

-

수제비 만들기

수제비를 만드는 것처럼 종이를 여러 모양으로 자르거나 찢은 후 종이컵에 담아주세요. 나무젓가락 포장지도 잘라서 종이컵에 넣었어요. 아이와 함께 맛있게 수제비를 맛보세요.

질경이 씨름

여름이면 들에서 흔히 볼 수 있는 질경이를 아시나요? 어린 시절, 질경이 꽃대로 질경이 끊기 씨름을 했던 추억이 있습니다. 그래서 종이를 길쭉하게 말아서 종이 질경이 씨름을 했습니다. 누가 이기나 아이와 함께 종이가 끊어질 때까지 힘껏 잡아당겨보세요. 단, 종이가 끊어지면서 아이가 뒤로 넘어질 수 있으니 주의해야 합니다.

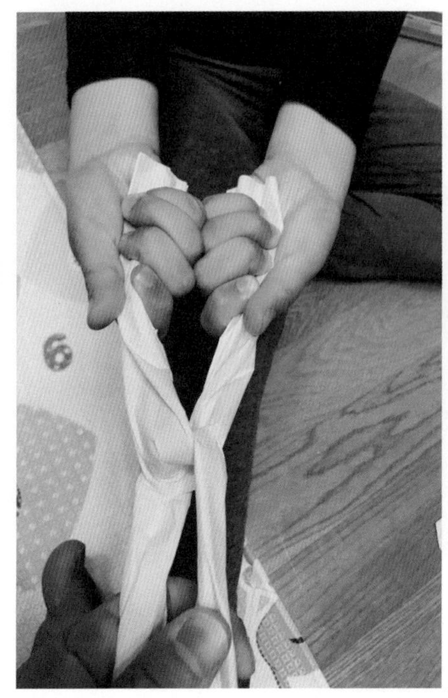
질경이 씨름

놀이가 주는 효과

국수 가락을 만들기 위한 가위질은 아이의 소근육 발달을 도와줍니다. 국수 가락을 세면서 숫자 세기를 익힐 수 있을 뿐만 아니라 국수를 잡으면서 자연스럽게 젓가락질도 배울 수 있습니다.

젓가락질은 30여 개의 관절과 60여 개의 근육을 사용해 복잡한 운동을 함으로써 두뇌 발달을 촉진합니다. 또한 젓가락으로 작은 물체를 집기 위한 다양한 움직임은 근육 조절 능력과 집중력을 높여줍니다.

초록감성 우성 아빠의 이야기

'종이로 국수 요리하기'는 정말 단순한 놀이입니다. 종이를 잘라 국수 가락을 만들고 젓가락으로 집어서 먹는 것이 전부입니다. 하지만 여기에 엄마 아빠의 재미있는 반응이 더해지면 더욱 즐거운 놀이가 됩니다. 둘째 승희와 저는 종이를 잘라 국수, 라면, 파스타 등 종이로 요리하기 놀이를 계속하고 있습니다.

06

종이로 간단 오징어 만들기

종이로 간단 오징어 만들기, 어떤 놀이일까요?

보통 2세가 지나면서 아이는 색을 구분할 수 있고 이때부터 색칠 놀이를 시작하게 됩니다. 저희 아이들도 이 시기부터 색칠 놀이를 하면서 색을 구분하기 시작했습니다. 3세 이후에는 종이에 그림을 그리고, 색을 칠하고 자르면서 놀이를 했습니다. 그러면서 그림 그리기, 색칠하기와 자르기를 한 번에 할 수 있는 간단 동물 만들기에 재미를 붙이게 되었습니다. 그림을 못 그리는 저도 아이와 쉽게 할 수 있는 '간단 오징어 만들기' 놀이입니다.

우리 집은 이렇게 놀이를 해요

–

준비물 A4 용지, 색연필, 가위

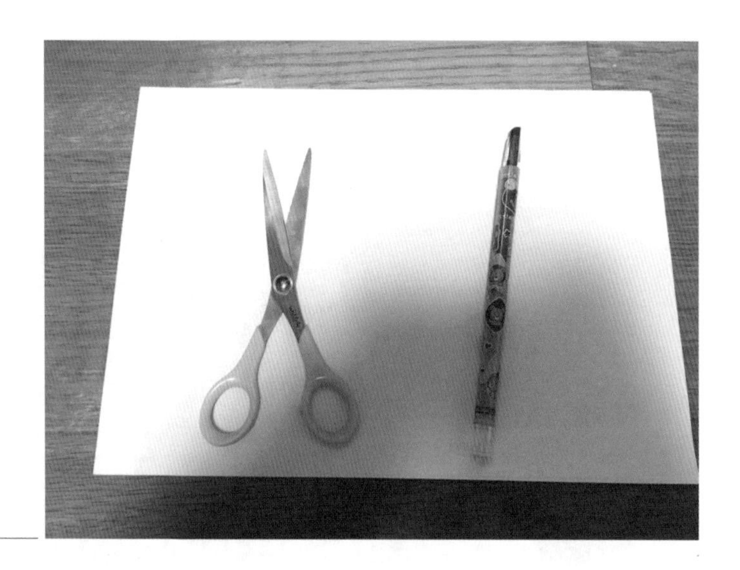

1

놀이 방법

1 **쉽게 그릴 수 있는 동물로 시작하세요.** | 저는 그림을 정말 못 그립니다. 어려운 그림을 그린다면 시작할 엄두가 나지 않습니다. 그래서 누구나 쉽게 그릴 수 있는 오징어를 선택했지요. 오징어는 세모와 네모의 몸통, 동그란 눈과 기다란 다리만 있으면 되고, 다양한 모양으로 이루어져 아이들도 좋아합니다. 저처럼 그림 그리는 것이 부담스럽다면 쉽게 그릴 수 있는 동물을 선택해주세요.

2 **오징어의 모양을 떠올리고 아이와 함께 그려보세요.** | 오징어 모양을 아이에게 물어보고 생김새를 차근차근 설명해주세요. 오징어 사진을 보고 그려도 좋습니다. 아이에게 모두 맡겨도 좋고 서로 번갈아가면서 그려도 됩니다.

3 **가위로 그림 형태를 따라 잘라주세요.** | 다 그렸다면 이제 모양을 따라 가위로 자르세요. 색칠도 하면 더 좋습니다. 아이가 가위질을 잘 못하더라도 최대한 스스로 할 수 있게 해주세요. 가위질하는 방법을 몰라서 어려워하는 경우도 있으니 한 번 자세히 알려주세요. 저는 다리를 세어보고 오징어 가면 놀이를 함께 했습니다.

함께 하면 더 좋은 놀이

–

곤충, 물고기 등 동물 만들기

아이가 좋아하는 장수풍뎅이와 가재를 함께 만들었습니다. 동물의 모양이 정확하게 생각나지 않으면 책에서 찾아 따라 그리고 색칠한 후 잘라줍니다. 아이가 좋아하는 동물 위주로 그림을 그리면서 만들기를 하는 것이 아이의 관심을 끌어내기 좋습니다.

놀이가 주는 효과

그림 그리기, 색칠하기, 자르기를 하는 통합적인 놀이입니다. 하얀 종이 한 장에 그리고자 하는 이미지를 떠올리고 색연필로 그림의 윤곽을 그려나가면서 아이는 상상력과 표현력을 키우게 됩니다. 전체 이미지를 떠올리기 위해 동물의 생김새를 정확하게 관찰하게 되어 관찰력이 좋아집니다.

색칠하면서 일반적으로 알고 있는 색을 칠하기도 하지만 아이의 상상력이 들어간 새로운 색감을 만들어내기도 합니다. 장수풍뎅이 날개는 진한 갈색에 가깝지만 녹색이나 빨간색으로도 색칠하면서 스스로 창작자가 되어 창의력이 길러집니다.

초록감성 우성 아빠의 이야기

시중에 나와 있는 색칠하기 책은 완성된 그림에 색칠을 하는 경우가 많습니다. 만들기 역시 완성된 이미지가 있어 따라 하면 되는 경우가 많지요. 이미 완성된 이미지에 색칠하기를 하는 것도 좋지만, 아무것도 없는 하얀 종이에 스스로 동물을 그리고 색을 칠해 완성하는 과정에서 아이는 생각하지도 못했던 상상력을 발휘합니다.

07

종이 김밥 만들기

종이 김밥 만들기, 어떤 놀이일까요?

김밥을 먹고 싶다는 둘째 승희의 말에 김밥 재료를 찾아보았지만 이날따라 냉장고가 텅텅 비어 있었습니다. 그래서 "승희야, 우리 종이로 김밥을 만들어보면 어떨까요?"라고 했습니다. 5세 아이는 흔쾌히 저의 제안을 받아들였지요.

우리 집은 이렇게 놀이를 해요

–

준비물 A4 용지, 색연필 또는 사인펜, 가위

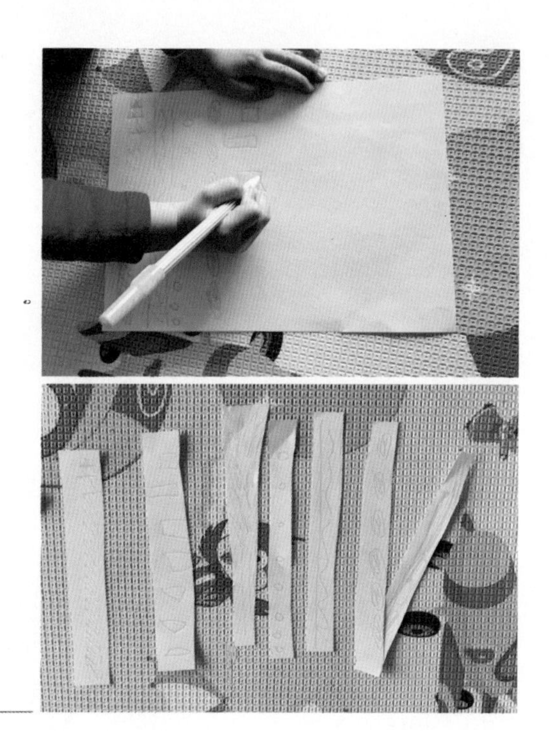

1

놀이 방법

1 **김밥 재료를 만들어주세요.** | 김밥을 만들려면 달걀과 시금치, 오이, 김치, 우엉, 참깨 등 여러 가지 재료를 준비해야 합니다. 아이에게 "김밥에는 어떤 재료가 들어가요?"라고 물어보고 종이 위에 아이가 원하는 김밥 재료를 마음껏 그립니다. 종이에 그린 시금치, 오이, 달걀 등의 재료를 가위로 기다랗게 자릅니다.

2

2 김밥 재료를 종이 위에 놓고 잘 말아주세요 | 종이 한 장에 펼친 밥을 상상하면서 그 위에 만든 재료를 차근차근 올립니다. 이제 종이 김을 조심스럽게 말아 풀이나 테이프로 끝을 붙여준 후 적당한 크기로 잘라줍니다.

3

3 종이 김밥을 맛있게 먹어요. | 접시가 있으면 예쁘게 담아주고 그렇지 않다면 바닥 한 곳에 자른 김밥을 잘 모아줍니다. 이제 김밥 한 조각을 집어서 아이의 입에 넣는 시늉을 하세요. 서로 번갈아가면서 김밥 먹여주는 놀이를 합니다.

함께 하면 더 좋은 놀이

-

종이 롤리팝 만들기

종이와 빨대 또는 나무젓가락을 준비합니다. 종이를 절반으로 접고 색연필로 롤리팝처럼 회오리치는 모양을 그려줍니다. 모양을 따라서 가위로 잘라주고 빨대를 붙여서 롤리팝을 만듭니다.

놀이가 주는 효과

아이는 김밥을 떠올리면서 종이 위에 여러 가지 재료를 그립니다. 이때 재료를 어떻게 그려야 할지 상상하고, 상상한 것을 원하는 형태로 그리면서 미적 감각과 상상력이 발달합니다.

그리기, 색칠하기, 자르기를 하면서 소근육이 발달하고 힘 조절을 하면서 손의 감각을 익히게 됩니다. 또한 종이로 김밥을 만들면서 음식 만드는 과정을 간접적으로 경험합니다. 그렇게 재료 준비부터 요리를 완성하기까지 전체 과정을 연습하면서 통합적인 관찰력이 향상됩니다.

초록감성 우성 아빠의 이야기

종이 한 장과 색연필만 있어도 아이와 함께 배추, 상추, 호박 등 여러 채소와 빵과 케이크 등을 그리고 색칠할 수 있습니다. 하얀 종이 위에 아이가 상상하는 어떤 것이든 그림 그리고 색칠하고 자르면서 아이는 놀이를 제대로 즐기고 있습니다.

08

회전하는 인형 만들기

회전하는 인형 만들기, 어떤 놀이일까요?

종이로 만들기는 비교적 정적인 놀이입니다. 하지만 다른 도구를 이용한다면 역동적인 놀이가 될 수 있습니다. 장난감 가게에서 회전하는 인형을 본 적이 있는데요. 그날 집에 와서 종이로 회전하는 인형을 만들어보기로 했습니다. 아이와 어떻게 만들지 이야기를 나누면서 자석을 이용한 '회전하는 인형 만들기'가 탄생했습니다.

우리 집은 이렇게 놀이를 해요

–

준비물 A4 용지, 가위, 펜, 실, 클립, 자석

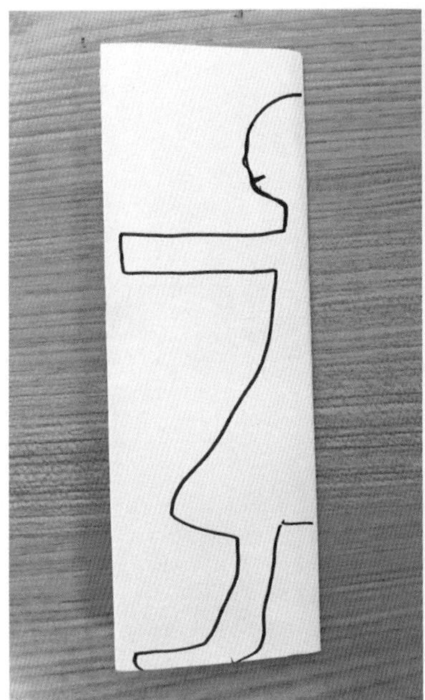

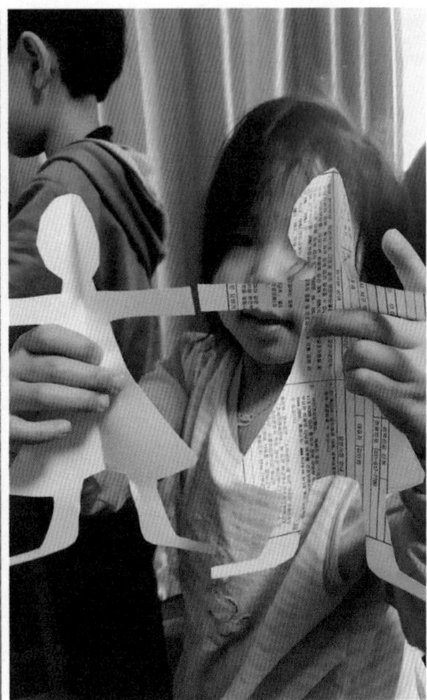

1

놀이 방법

1 **종이의 긴 변 방향으로 반을 접습니다.** | 종이의 긴 변 방향으로 반을 접고 사람을 머리부터 발까지 데칼코마니 형태로 그립니다. 팔다리는 나란히 그리고, 가위로 그림을 자릅니다. 같은 방법으로 4개의 사람을 만듭니다.

2

2 종이 인형의 손과 발을 서로 붙여주세요. | 4개의 종이 인형의 손과 발을 풀이나 테이프로 서로 붙입니다. 실을 종이 인형에 붙여서 잡을 수 있게 만들고, 클립 한 개를 종이 인형 다리 부분에 붙여줍니다.

3

3 자석을 클립 가까이에 가져가서 회전시킵니다. | 종이 인형에 연결된 실을 잡고, 아이가 자석을 클립에 가까이 가져가면 자석이 클립을 잡아당기면서 종이 인형이 움직입니다. 자력이 너무 큰 자석을 사용하면 클립이 바로 자석에 붙어버려서 종이 인형을 회전시키기 어렵습니다. 자력이 약한 말굽자석을 이용하는 것이 좋습니다.

함께 하면 더 좋은 놀이

-

움직이는 뱀 만들기

종이와 실로 움직이는 뱀을 만듭니다. 종이에 뱀이 똬리를 튼 형태처럼 회오리 모양으로 뱀의 머리부터 꼬리까지 그려줍니다. 회오리 모양을 따라서 가위로 그림을 자릅니다.

뱀의 머리에 작은 구멍을 뚫어 실을 묶고 나서 실을 천장에 매답니다. 천장이 아니어도 조금 높은 곳에 매달면 됩니다. 그리고 입으로 바람을 살짝 불어주면 회오리 모양의 뱀이 스스로 회전하면서 움직입니다.

놀이가 주는 효과

클립과 자석으로 종이 인형을 회전하게 만들었습니다. 아이는 종이로 만든 단순한 인형에 몇 가지 간단한 장치를 추가하면 재미있고 새로운 놀이가 만들어진다는 것을 자연스럽게 배우게 되었습니다.

자석으로 종이 인형을 회전시키면서 자력의 개념을 알게 되고, 물체에 힘을 작용하면 물체의 운동 방향과 세기를 바꿀 수 있다는 것도 자연스럽게 배웁니다. 굳이 설명하지 않더라도 아이는 간단한 만들기를 하면서 과학적 사실을 알게 됩니다.

초록감성 우성 아빠의 이야기

아이들과 자석을 이용해서 철로 만들어진 물건 찾기를 했습니다. 이때 아이들은 알루미늄이나 동전은 왜 자석에 붙지 않느냐고 물어보았고, 자석은 모든 금속에 붙지 않고 철에만 반응한다는 사실을 알게 되었습니다. 그리고 자석에 대한 책을 펼쳐서 아이와 함께 읽으면서 궁금증을 해결했습니다.

09

딸과 함께 공주 색칠하기

딸과 함께 공주 색칠하기, 어떤 놀이일까요?

여느 딸아이와 마찬가지로 둘째 승희도 4세 때부터 공주에 푹 빠졌습니다. 특히 디즈니 만화영화에 나오는 공주에 관심이 많았지요. 백설공주, 라푼젤, 신데렐라, 아리엘, 벨, 오로라 등 디즈니 공주에 대해 제게 몇 번을 물어보았지만 저는 대답을 잘 못했습니다. 그래서 인터넷에서 공주를 찾아 그림을 인쇄하여 아이와 함께 공주 이름을 배우고 있습니다.

우리 집은 이렇게 놀이를 해요

–

준비물 A4 용지, 색연필

1

놀이 방법

1 인터넷에서 공주를 검색합니다. | 이미지 검색으로 아이가 좋아하는 공주의 사진을 모아 저장합니다.

2

3

2 공주 파일을 따로 만들어주세요. | 찾은 공주 사진을 파워포인트에 정리해서 파일을 만듭니다. 다음번에 공주를 찾을 때마다 파일에 계속 업데이트합니다.

3 인쇄한 종이로 아이와 함께 색칠하세요. | 공주 사진을 인쇄한 후 아이와 함께 색칠합니다. 서로 번갈아가며 색칠하면서 공주 이름을 기억하고 아이와 즐거운 시간을 보냅니다.

함께 하면 더 좋은 놀이

–

공주 이름 맞히기

저는 공주 캐릭터에 관심이 전혀 없었지만 딸이 좋아하는 바람에 관심이 생겼습니다. 그래도 공주의 얼굴과 이름이 헷갈리기는 매한가지였습니다. 제 눈에는 다 비슷비슷하게 보이거든요. 안 되겠다 싶어서 인쇄해놓은 자료를 가지고 공주의 이름을 물어보고 맞히는 놀이를 했습니다. 아빠와 아이가 번갈아가면서 공주 이름 말하기를 하기도 합니다.

놀이가 주는 효과

성별이 다른 아빠와 딸이 친해질 수 있는 매개체로 공주는 참 좋은 소재입니다. 사실 아빠는 공주에 관심이 거의 없습니다. 하지만 아빠가 아이가 좋아하는 것을 공유하고 이해하려고 노력하는 태도를 보이는 것이야말로 아이와의 소통을 위한 가장 빠른 방법입니다. 아이와 함께 공주에 대해 알아가면서 공감대와 유대감을 형성합니다. 그렇게 서로의 신뢰감을 쌓고 아이는 아빠에게 긍정적인 마음을 가지고 바르게 성장합니다.

엄마와 아들 또한 마찬가지입니다. 엄마들은 보통 아들이 좋아하는 변신 로봇과 공룡에는 큰 관심이 없을 것입니다. 아들이 좋아하는 관심사에 대해 서로 이런 방법으로 놀이를 해도 좋습니다.

초록감성 우성 아빠의 이야기

주말 아침이면 아이는 일어나자마자 공주 그림을 들고 제게 옵니다. 또 다른 공주 그림을 찾아서 인쇄를 해달라고 부탁하지요. 그렇게 아이와 공주 그림을 색칠하면서 주말 아침을 맞이하고 있습니다.

10

종이 한 장으로 몸 통과시키기

종이 한 장으로 몸 통과시키기, 어떤 놀이일까요?

종이 한 장으로 아이들과 함께 할 수 있는 많은 놀이 가운데 한 가지입니다. 저는 간단하게 종이로 그리기, 색칠하기, 만들기, 접기, 찢기, 던지기 등의 놀이를 하고 있습니다. 아이는 간단하지만 즐거운 종이 놀이를 즐기면서 새로운 놀이를 떠올립니다. 제가 신입사원 교육을 받을 때 종이 한 장으로 가장 길게 만들기 게임을 했던 것을 떠올리면서 '종이 한 장으로 몸 통과시키기'를 해보았습니다.

우리 집은 이렇게 놀이를 해요

–

준비물 A4 용지, 가위, 펜

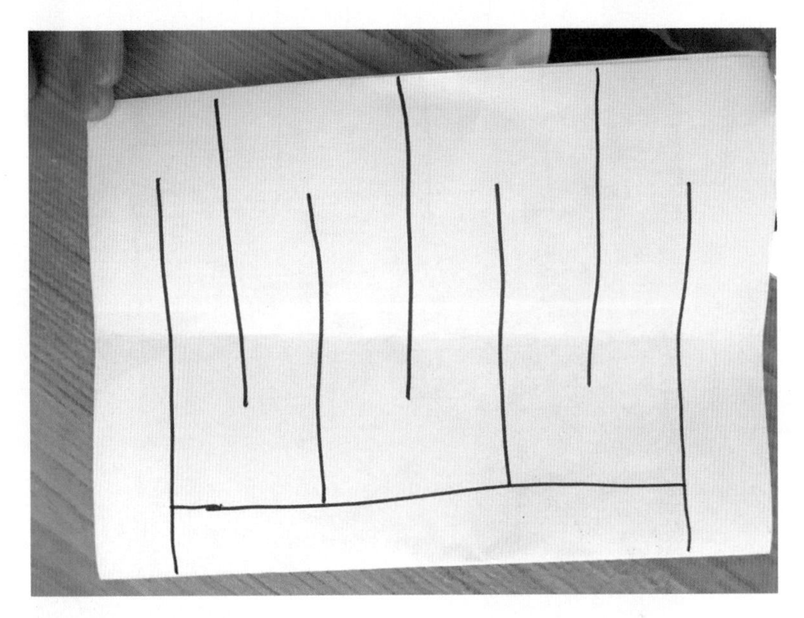

1

놀이 방법

1 **A4 용지를 반으로 접어서 서로 엇갈리게 선을 그어주세요.** | 종이 한 장으로 몸을 통과시키기 위해 길게 만들려면 종이가 끊어지지 않게 해야 합니다.

2

2 접은 종이의 중간 부분을 사진과 같이 자르세요. | 절반으로 접힌 종이를 사진과 같이 먼저 가위로 잘라주세요. 그다음 종이에 그려진 선을 따라서 잘라주세요.

3

3 자른 종이를 넓게 펼쳐 아이의 몸을 통과시켜주세요. | 선을 따라 자른 종이를 넓게 펼쳐주세요. 그런 다음 아이의 몸이 종이를 통과할 수 있을 정도의 크기인지 확인하고 아이에게 직접 해볼 수 있게 하세요.

함께 하면 더 좋은 놀이

–

종이 데칼코마니 자르기

A4 용지나 색종이를 접어서 접은 면을 따라 가위로 모양을 만들어 잘라줍니다. 미리 펜으로 그림을 그리고 가위로 잘라도 좋습니다. 여러 번 접으면 더욱 다양한 모양이 생깁니다.

아이가 원하는 모양으로 자를 수 있게 도와주세요. 가위로 자른 다음 종이를 펼쳤을 때 다양한 모양이 나오면 아이는 큰 흥미를 느낍니다.

놀이가 주는 효과

종이 놀이 강의를 할 때면 종이 한 장이 재미있는 놀이가 된다는 사실을 모르는 분이 꽤 많습니다. 대체로 블록이나 퍼즐과 같이 이미 만들어진 장난감을 이용해야만 아이와 재미있게 놀 수 있다고 생각하는 것 같습니다.

하지만 종이 한 장도 얼마든지 아이의 흥미를 유발할 수 있는 놀이가 된다는 사실을 많은 부모와 아이에게 알려주고 싶습니다. 종이 한 장이 사람의 몸을 통과하고 길이와 크기가 달라지면서 다양한 모양이 만들어집니다. 또한 사물을 고정되게 바라보는 것이 아닌 색다른 변신이 가능하다는 상상력을 키워줄 수 있습니다. 즉, 종이 한 장의 변신은 아이에게 유연한 사고와 창의력을 길러줍니다.

초록감성 우성 아빠의 이야기

종이로 다양한 놀이를 하다 보니 이제 두 아이는 스스로 놀이를 생각해서 제안합니다. 이면지를 버리려고 하면 “아빠, 종이를 왜 버리세요? 종이로 놀아요!” 하면서 새로운 놀이를 하자고 합니다. 그렇게 종이 한 장으로 단순하지만 매력적인 놀이의 추억이 계속 쌓이고 있습니다.

2장

창의력을 키우는 발상의 전환 놀이

잠자리채로 블록 낚아채기 • 귤 구슬치기 • 집에서 눈썰매 타고 청소하기 • 옷걸이로 세탁기 빨래 낚시 • 집에서 꼬마 눈사람 만들기 • 윷가락헨지 • 유아 매트로 대형 알까기 • 종이 바느질 • 종이 상자 동계 올림픽

고정관념을 버리고 새롭게 접근하자

귤은 먹는 과일입니다. 하지만 저희 아이들에게는 색다른 놀이 재료가 됩니다. 아이들은 과일을 먹으면서도 "아빠, 이 과일로 어떤 놀이를 해볼까요?"라고 물어보면서 새로운 아이디어를 만들어냅니다.

아이와의 놀이에서 부모의 고정관념이 방해가 될 때가 있습니다. 'A라는 놀이는 A라는 놀이만 해야 하고, a라는 장소에서만 해야 한다'라는 고정된 생각을 하는 경우가 있습니다. 하지만 아이는 A라는 놀이가 B와 C라는 놀이가 되기도 하고, b와 c와 d라는 장소에서도 새로운 놀이가 됩니다.

바쁜 부모는 아이와의 놀이를 고정된 시각으로 바라볼 수 있습니다. 하지만 잠깐 그 시각을 깨뜨려보는 작은 도전이 필요합니다. 때로는 정해진 규칙에 얽매이지 않고 새로운 놀이를 만들어보거나 한 가지 재료를 가지고 여러 가지 방법으로 놀이를 하면 예상치 못한 즐거운 놀이가 탄생합니다.

'발상의 전환 놀이' 편은 새로운 시각으로 사물을 바라보면서 일상의 사물이 색다른 놀이가 되는 것을 알려줍니다. 고정관념을 버리고 새롭게 접근하려는 부모의 유연한 생각에 아이의 상상력이 결합하는 '발상의 전환 놀이'를 시작합니다.

01

잠자리채로 블록 낚아채기

잠자리채로 블록 낚아채기, 어떤 놀이일까요?

지난여름, 곤충을 너무 좋아하는 아이들이 날아다니는 곤충, 잠자리와 나비를 잡아보겠다면서 잠자리채를 원했습니다. 그래서 두 아이에게 곤충채집을 할 수 있도록 잠자리채를 각각 사주었지요.

그날 밤 곤충을 잡으러 가겠다는 아이들에게 저는 잠자리와 나비를 잡기 전 예행연습을 하자고 제안했습니다. 블록을 이용해서 곤충 잡을 때 필요한 민첩성을 시험 삼아 '잠자리채로 블록 낚아채기' 놀이를 했습니다.

우리 집은 이렇게 놀이를 해요

–

준비물 잠자리채, 스펀지 블록(블록이 딱딱하면 위험하니 말랑말랑한 것이 좋아요)

1

놀이 방법

1 **잠자리채 사용하는 방법을 알려주세요.** | 먼저 아이에게 잠자리채로 곤충 잡는 방법을 알려주세요. 잠자리채를 들고 있는 아이와 일정한 거리를 두고 스펀지 블록을 준비합니다. 스펀지 블록이 없다면 종이를 뭉쳐 종이공을 만들어서 이용합니다.

2

3

2 **스펀지 블록을 잠자리채 쪽으로 던져주세요.** | 스펀지 블록을 던질 때 아이에게 너무 가까이 던지면 잡기 어려우니 잠자리채로 잡을 수 있게 맞춰서 던져줍니다. 아이가 잡기 쉽게 스펀지 블록을 천천히 던집니다.

3 **스펀지 블록을 잡으면 열렬히 환호해주세요.** | 아이가 잠자리채로 스펀지 블록을 잡으면 열렬한 호응을 해줍니다. 만약 아이가 잡지 못해 힘들어한다면 가까이에서 천천히 던지고 최대한 아이가 잡는 기쁨을 느낄 수 있게 해주세요. 5~10회 던지고 망에서 꺼내 스펀지 블록을 세어봅니다.

함께 하면 더 좋은 놀이

-

잠자리채로 블록 쓸어 담기

잠자리채로 날아가는 스펀지 블록을 낚아챘다면 이제는 어질러진 블록을 다시 쓸어 담아보세요. 바닥에 흩어져 있는 스펀지 블록을 잠자리채로 건져 올리면 됩니다. 잠자리채에 스펀지 블록을 모두 담으면 블록을 1개씩 꺼내어 상자에 던져 넣습니다. 그러면 놀이가 끝나는 시점에 방은 깨끗이 청소되어 있을 것입니다.

놀이가 주는 효과

날아오는 스펀지 블록을 잡아채는 과정에서 눈과 손의 협응력을 키울 수 있습니다. 예측하지 못한 곳으로 날아가는 스펀지 블록을 잡았을 때 아이는 희열을 느끼게 됩니다. 이때 신경전달물질인 도파민이 분비되어 아이의 스트레스를 날려주고 행복함을 느끼게 합니다. 또한 날아가는 스펀지 블록이나 종이공을 잠자리채로 잡기 위해 움직이면서 아이의 민첩성이 좋아집니다.

스펀지 블록을 잡기 위해 눈을 반짝이는 아이를 보고 있으면 부모가 함께 하는 놀이가 아이들에게 긍정의 에너지를 전해준다는 사실을 깨닫게 됩니다.

초록감성 우성 아빠의 이야기

아이들은 잠자리채로 날아가는 블록을 잡는 놀이를 진짜 잠자리를 잡는 것만큼 재미있게 느꼈던 모양입니다. 5세 딸아이는 아빠가 던져주는 스펀지 블록을 많이 잡지 못했지만, 아빠의 격려와 응원에 힘입어서 블록을 잡을 때 크게 웃으며 즐거워했습니다. 놀이가 끝나자 첫째 아이는 "아빠, 잠자리채로 이렇게 블록을 잡으니까 색다르고 재미있어요"라고 했습니다.

02

귤 구슬치기

귤 구슬치기, 어떤 놀이일까요?

둘째 아이가 4세 때 함께 귤을 먹으면서 동그란 귤의 모양에 대해 이야기를 나누었어요. "귤은 동그란 공 모양이라서 잘 굴러가요"라고 설명하면서 귤로 구슬치기를 하면 재미있겠다는 생각이 들었어요. 아이들과 '귤 구슬치기'를 함께 해볼게요.

우리 집은 이렇게 놀이를 해요

–

준비물 귤(한 사람당 한 개)

1

놀이 방법

1 **귤을 준비하세요.** | 마트에서 산 싱싱한 귤을 한 사람당 한 개씩 준비합니다.

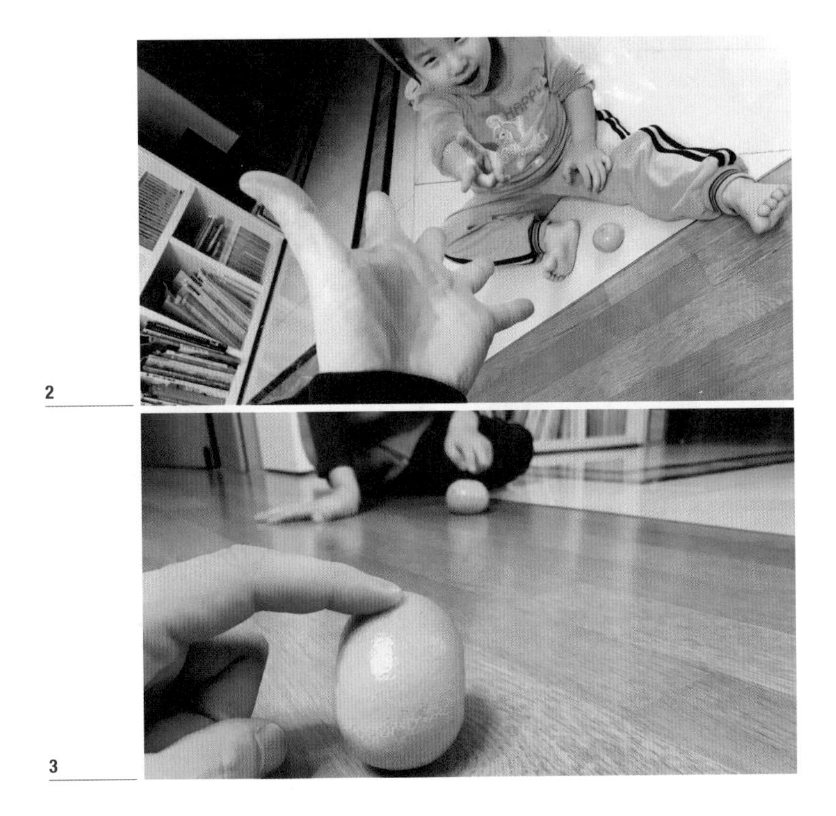
2
3

2 귤을 굴려서 상대편 귤을 맞히세요. | 귤은 공처럼 완벽한 구형이 아니어서 그냥 굴리면 앞으로 정확하게 나아가지 않습니다. 귤 꼭지를 하늘을 바라보게 놓기보다는 옆쪽을 향하게 세워줍니다. 타이어 모양을 상상해주세요. 이렇게 하면 귤이 원하는 방향으로 더욱 정확하게 굴러갑니다. 서로의 귤을 일정한 거리를 두고 떨어뜨려놓고 가위바위보를 한 후 상대편의 귤을 맞힙니다.

3 아이에게 조준하는 방법을 알려주세요. | 아이에게 상대편의 귤을 맞히기 위해 조준하는 방법을 알려주세요. 바닥에 엎드려서 내 귤과 상대편의 귤을 일직선상에 오도록 시선과 일치시켜서 귤을 굴리는 방법을 알려줍니다.

함께 하면 더 좋은 놀이

-

귤 굴려서 골인

'귤 구슬치기'를 하면서 정확하게 굴리는 방법을 배웠으니 이제 골대를 만들어주세요. 골대는 종이나 블록으로 간단히 만듭니다. 일정한 거리를 두고 귤을 굴려서 골대에 '골인~' 해주세요. 귤은 둥글기 때문에 굴려서 하는 어떤 놀이든지 가능하니 아이의 상상력에 맞춰서 함께 놀아주세요.

놀이가 주는 효과

아이는 상대편의 귤을 맞히기 위한 방법을 고민하면서 귤을 잘 굴리는 방법을 터득하고 집중력을 보여줍니다. '귤 구슬치기'를 하기 전에 엄마 아빠가 아이에게 공의 모양을 설명해주세요. 이때 아이는 원(동그라미), 구(공 모양)와 같은 개념을 배울 수 있습니다. 5세 이상의 아이라면 "귤은 왜 잘 굴러갈까?"라고 넌지시 물어보면서 아이의 호기심을 끌어낼 수 있어요. 무엇보다 귤 하나로도 재미있게 놀 수 있는 방법을 배우게 됩니다.

초록감성 우성 아빠의 이야기

겨울이 다가와서 귤을 먹을 때면 아이들은 작년에 했던 놀이를 떠올립니다. 승희는 "아빠, 귤 놀이 생각나세요?"라고 물어보면서 귤 상자에서 귤을 꺼내 들고 옵니다. 저는 때로는 귤로 저글링을 해 보이는데요. 승희는 아빠가 너무 멋지다면서 박수를 보내주기도 하지요. 사실 잘하지 못하지만 아이 눈에는 잘해 보인답니다. 귤로 놀이가 끝나면 그 귤을 까 먹으며 웃음꽃이 핍니다.

03

집에서 눈썰매 타고 청소하기

집에서 눈썰매 타고 청소하기, 어떤 놀이일까요?

다용도실에 보관하고 있던 눈썰매를 본 5세 승희가 "겨울이 빨리 와서 눈이 왔으면 좋겠어요"라고 말했습니다. 지난겨울 눈썰매를 탄 것이 생각났던지 눈썰매를 타고 싶다고 말했습니다.

저는 "집에서 눈썰매를 타보자"라고 말하고는 바닥에 매트를 깔고 눈썰매를 꺼내 아이를 태워주었습니다. 이제 집에서도 계절에 관계없이 눈썰매를 즐겨볼까요?

우리 집은 이렇게 놀이를 해요

–

준비물 눈썰매(눈썰매가 없다면 매트나 이불도 괜찮아요), 비치 타월 또는 매트

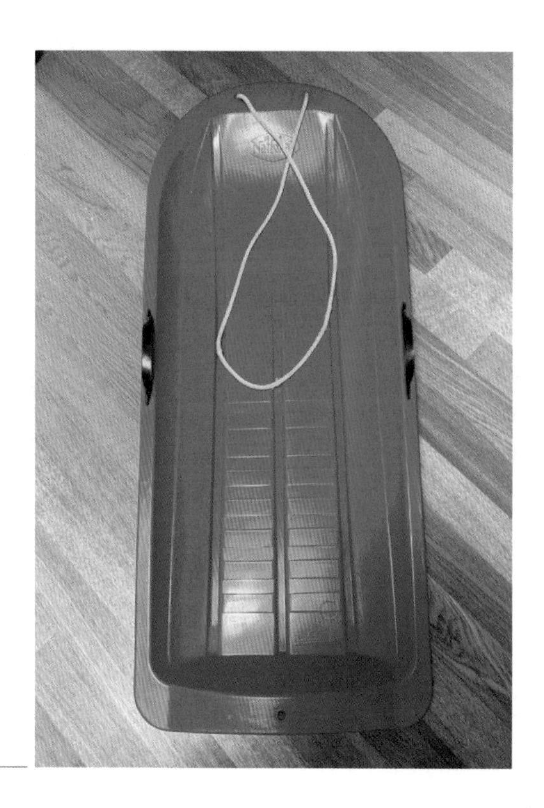

1

놀이 방법

1 **눈썰매를 꺼내서 깨끗이 닦아주세요.** | 지난겨울에 사용했던 눈썰매를 꺼내 먼지를 털고 깨끗이 닦아주세요.

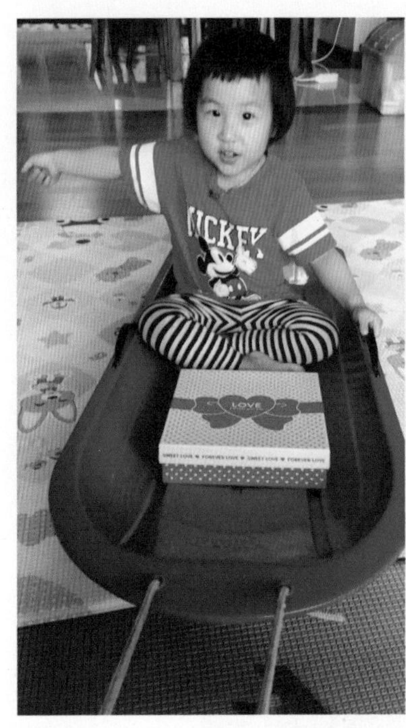

2

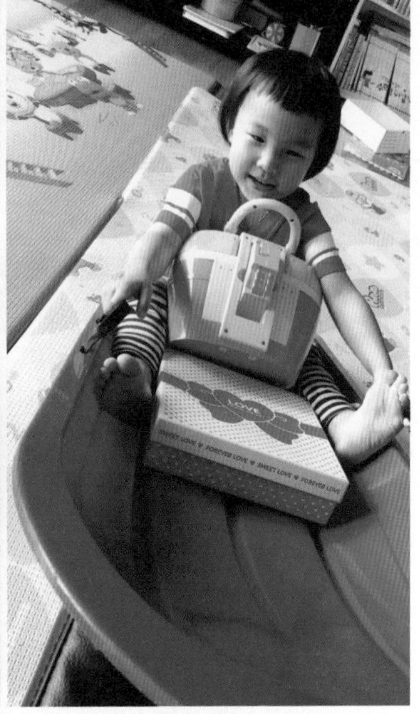

3

2 눈썰매 바닥에 매트를 깔아주세요. | 눈썰매를 거실에서 끌면 바닥에 흠집이 생기고 아랫집에 소음이 되니 꼭 바닥에 비치 타월이나 매트를 깔아주세요.

3 눈썰매 줄을 잡고 신나게 끌어주세요. | 눈썰매 탈 준비가 되었나요? 그럼 거실과 방을 오가면서 눈썰매를 신나게 끌어주세요. 아이의 깔깔거리는 소리에 맞춰서 신나는 반응을 보여주세요. 때로는 썰매를 타면서 청소까지 할 수 있는 일석이조의 놀이가 됩니다.

함께 하면 더 좋은 놀이

-

비치 타월 썰매 타기

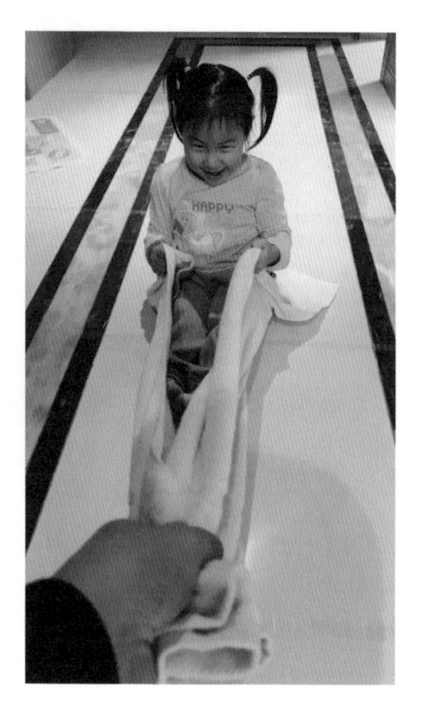

물놀이할 때 사용하는 비치 타월이나 대형 수건을 꺼내 바닥에 깔아줍니다. 아이를 대형 수건의 3분의 2 지점에 앉히고, 썰매처럼 끌어주세요. 썰매를 타면서 아이가 넘어질 수 있으니 꼭 수건을 잡게 해줍니다.

버리는 종이 상자를 활용할 수도 있습니다. 아이가 들어가 앉을 만한 종이 상자가 생기면 아이를 상자 안에 앉히고 상자를 썰매처럼 끌어주거나 뒤에서 밀어줍니다.

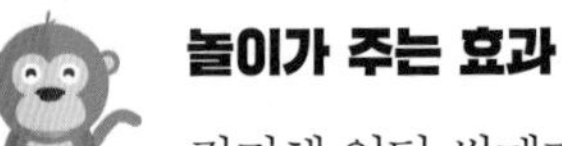

놀이가 주는 효과

정지해 있던 썰매가 갑자기 움직일 때 아이는 몸의 균형 감각을 키울 수 있습니다. 갑자기 이동하는 썰매 위에서 몸의 위치를 안정적으로 잡고, 빠르게 움직이고 회전하는 썰매에서 균형 감각을 익히게 됩니다. 이런 놀이는 편안한 집에서 균형 감각을 키울 수 있는 좋은 방법입니다.

초록감성 우성 아빠의 이야기

겨울에만 이용하는 눈썰매의 색다른 면을 보고 재미를 얻는 놀이입니다. 아이들과 청소하는 날이면 썰매를 타자고 이야기합니다. 아이들은 즐거웠던 기억이 있어서인지 썰매 타는 시간을 즐깁니다. 택배 상자나 종이 상자가 생기면 썰매를 타자고 상자 안에 쏙 들어가기도 합니다.

04

옷걸이로 세탁기 빨래 낚시

옷걸이로 세탁기 빨래 낚시, 어떤 놀이일까요?

혹시 아이와 함께 세탁기에서 빨래를 꺼내 건조대에 널어본 적이 있나요? 요즘은 세탁기가 옷을 빨고 건조기가 말려주는 편리한 세상입니다. 저희 집은 통돌이 세탁기를 사용하는데 종종 아이들과 함께 빨래를 꺼내면서 재미있는 놀이를 하곤 합니다.

세탁기에서 빨래를 꺼낼 때, 옷걸이로 낚싯대를 만들어 빨래를 낚시하는 '옷걸이로 세탁기 빨래 낚시'를 함께 해보겠습니다.

우리 집은 이렇게 놀이를 해요

–

준비물 철사로 만든 옷걸이

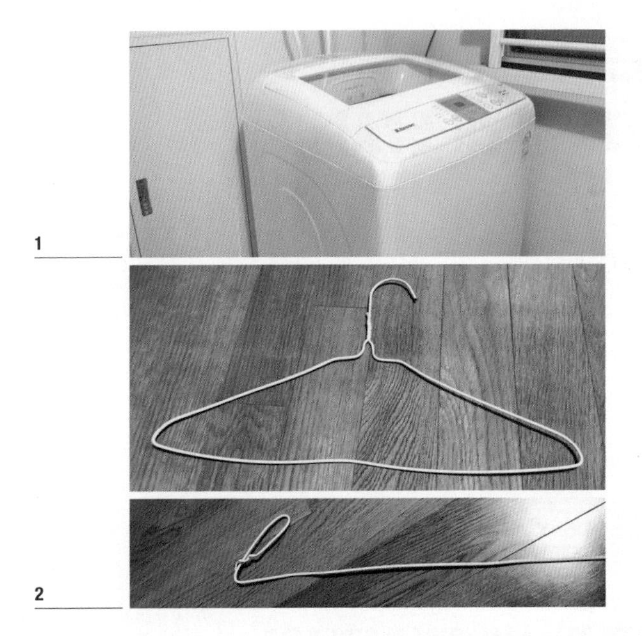

1

2

놀이 방법

1 **우선 세탁기로 빨래를 해주세요.** | 빨래를 세탁기에서 꺼낼 수 있게 세탁기를 작동해놓습니다.

2 **옷걸이로 낚싯대를 만들어주세요.** | 세탁소에서 세탁된 옷과 함께 가져오는 철사로 된 흰색 옷걸이를 길게 펼칩니다. 끝부분이 뾰족하니 철사를 구부려서 둥글게 만들고, 한 번 더 끝을 낚싯대처럼 고리를 만들어줍니다. 끝이 뾰족하면 낚시할 때 옷에 구멍이 날 수 있으니 유의하세요.

3

3 옷걸이로 낚시를 하세요. | 옷걸이로 만든 낚싯대를 아이에게 주고 세탁기에서 빨래를 낚을 수 있게 해줍니다. 세탁기 옆에 의자를 놓고 아이가 꺼내기 쉽게 높이를 맞춥니다. 세탁한 후에는 빨래가 뭉치고 꼬여 있으니 미리 엉킨 빨래를 풀어주세요. 아이들과 세탁기 같은 가전제품을 사용할 때에는 반드시 안전에 유의해주세요. 부모의 시야에서 활동할 수 있게 하고 아이 혼자 있게 될 경우에는 세탁기를 만지지 않도록 꼭 알려주어야 합니다.

함께 하면 더 좋은 놀이

–

활로 변신하는 옷걸이

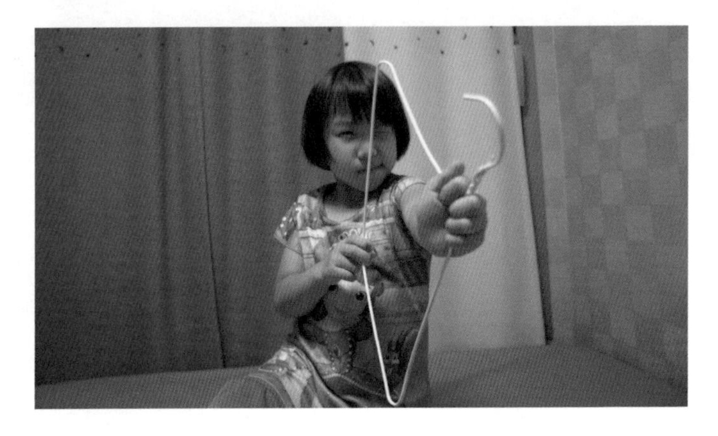

옷걸이를 활처럼 사용할 수도 있습니다. 물론 실제로 화살을 날려 보낼 수는 없지요. 하지만 아이에게 옷걸이를 활처럼 잡고 쏘는 시늉만 하게 해주세요. 아이가 활 쏘는 시늉을 하면 마치 화살이 날아온 것처럼 반응해주면 됩니다. 엄마 아빠가 화살에 맞아 쓰러지거나 화살을 피하는 흉내를 내보세요. 그러면 실제 화살이 없지만 아이들은 박장대소를 하면서 좋아합니다.

놀이가 주는 효과

집안일은 어른에게는 일이지만 이것을 지켜보면서 자라온 아이에게는 호기심의 대상이 됩니다. 엄마 아빠가 하는 집안일을 따라 하거나 스스로 하겠다고 합니다. 빨래를 하는 것도 아이와 할 수 있는 재미있는 놀이가 될 수 있습니다.

아이가 직접 세탁기에서 빨래를 꺼내고, 도구를 이용해서 빨래 낚시를 하면 더욱 신기하고 즐거워합니다. 빨래를 꺼내 건조대에 널면서 부모를 도와주었다는 것에 뿌듯함과 성취감을 느끼고 자연스럽게 집안일을 배웁니다.

초록감성 우성 아빠의 이야기

집 안 청소, 빨래, 분리수거, 쓰레기 버리기, 욕실 청소, 설거지 등 집안일에 아이들을 적극적으로 참여시켜왔습니다. 아이는 호기심이 많아서 부모가 즐겁게 하는 모습을 보면 더욱 하고 싶어 합니다. 아이와 집안일을 한다는 것은 어쩌면 귀찮고 어려운 일일 수 있습니다. 저 역시 처음에는 매우 힘들었습니다. 하지만 여러 번 경험하게 되면 아이의 집안일 실력이 점점 늘지요. 그저 귀찮고 어렵게만 생각하지 말고 놀이처럼 집안일에 아이를 조금씩 참여시켜 보세요. 아이와 놀기 위해 따로 시간을 내지 않더라도 집안일이 바로 놀이가 됩니다.

05

집에서 꼬마 눈사람 만들기

집에서 꼬마 눈사람 만들기, 어떤 놀이일까요?

12월 어느 날, 퇴근길에 함박눈이 내려 세상이 온통 하얀 눈으로 뒤덮였습니다. 아파트 1층에도 눈이 소복하게 쌓여서 아이들을 데리고 나와 눈썰매를 태워주고 싶었습니다. 그런데 집에 도착한 시간이 오후 9시가 넘어 눈썰매를 탈 수 없게 되자 집에서 눈사람이나 만들어야겠다 생각하고 눈 두 덩이를 뭉쳐서 들어갔습니다. 그렇게 '집에서 꼬마 눈사람 만들기' 놀이가 탄생했습니다.

우리 집은 이렇게 놀이를 해요

–

준비물 공 모양으로 뭉친 눈 두 덩이, 이쑤시개, 단추

1

놀이 방법

1 **눈이 쌓인 날 눈을 뭉쳐주세요.** | 눈이 쌓인 날이면 눈을 뭉쳐서 집으로 가지고 옵니다. 퇴근길에 눈을 뭉쳐도 좋습니다. 눈을 집으로 가지고 와서 비닐을 바닥에 펴고 눈사람을 만듭니다.

2

3

2 꼬마 눈사람을 꾸며주세요. | 이쑤시개와 단추 등을 이용해서 아이와 함께 꼬마 눈사람의 눈, 코, 입과 팔을 만듭니다. 아이들이 직접 재료를 선택해서 눈사람에 생명을 불어넣습니다.

3 눈사람을 냉동고에 보관하세요. | 집에서 만든 꼬마 눈사람은 빨리 녹아버릴 겁니다. 꼬마 눈사람을 만들고 나서 냉동고에 보관하세요. 오늘 만든 눈사람을 내일과 모레에도 꺼내서 놀 수 있습니다.

함께 하면 더 좋은 놀이

-

눈사람은 어떻게 녹을까요?

냉동고에 보관했던 눈사람을 한번 녹여보세요. 저는 승희에게 눈사람을 단번에 사라지게 할 수 있는 마술을 보여주겠다면서 꼬마 눈사람을 싱크대에서 수돗물로 빠르게 녹여봤어요. 아이는 눈이 녹는 것을 보면서 신기하고 재미있어했고 스스로 해보겠다고 했습니다. 냉동고에 오래 보관하기에는 공간을 차지하고 위생상에도 문제가 있을 수 있으니 눈사람을 녹여서 사라지는 마술을 보여주세요. 눈이 오면 또 꼬마 눈사람을 만들면 되니까요.

놀이가 주는 효과

집 안에서 만드는 꼬마 눈사람은 바쁜 직장인 부모에게 안성맞춤 놀이가 됩니다. 눈이 쌓이는 날에 늦게 퇴근하더라도 눈을 뭉쳐서 집으로 돌아가기만 하면 됩니다. 그럼 집에서 아이와 눈사람 만드는 추억을 쌓을 수 있습니다.

함박눈이 오는 날 아이와 밖으로 나가 큰 눈사람을 만들면 좋겠지만, 바쁜 직장인 부모에게 이런 기회는 쉽게 오지 않지요. 어떻게 보면 일하는 엄마 아빠가 아이와의 놀이에서 틈새시장을 노리는 신의 한 수 같은 놀이 이벤트가 될 수 있습니다. 게다가 아이들은 생각지도 못한 엄마 아빠의 놀이 방법에 한층 더 재미있어합니다.

초록감성 우성 아빠의 이야기

저는 첫째 우성이가 2세 때부터 눈을 보여주겠다고 눈덩이를 뭉쳐서 집으로 가지고 왔습니다. 우성이가 눈 뭉치를 냉동고에 넣어놓고 꺼내 보던 기억이 떠오릅니다. 그리고 겨울이 오면 저희 집 냉동고에는 매번 눈이 녹지 않고 있습니다.

06

윷가락헨지

윷가락헨지, 어떤 놀이일까요?

몇 년 전, 고향에서 첫째 우성이와 윷놀이를 하려고 했는데 윷판은 없고 윷만 여러 개 있었습니다. 윷판을 직접 그리자고 했는데 우성이가 "아빠, 잠깐만요. 윷판을 그리는 것도 좋은데 윷으로 다른 놀이를 해볼까요?"라고 제안했습니다. "아빠, 스톤헨지처럼 윷을 세워볼게요"라면서 윷놀이 대신 새로운 '윷가락헨지' 놀이가 탄생했습니다.

우리 집은 이렇게 놀이를 해요

–

준비물 윷, 윷말(또는 동전)

1

놀이 방법

1 **윷을 세로로 세워주세요.** | 먼저 윷을 세로로 스톤헨지처럼 여러 개를 일정한 간격으로 세웁니다.

2

2 윷말을 세워진 윷 사이를 피해서 통과시켜주세요. | 스톤헨지와 같이 세워진 윷 사이로 윷말을 손가락으로 튕겨서 통과시켜주세요. 처음에는 윷의 간격을 조금 넓게 만들어주고, 윷말을 통과시키면서 조금씩 그 간격을 좁혀가며 놀이를 해보세요. 윷말이 세워진 윷을 넘어뜨리거나 맞지 않고 잘 통과할 수 있게 전략을 세워봅니다.

3

3 윷말로 세워진 윷을 넘어뜨려보세요. | 윷말로 세워진 윷을 넘어뜨립니다. 좁은 공간을 통과시키는 재미도 있지만 윷을 쓰러뜨리는 것도 아이들은 좋아합니다. 아이와 서로 번갈아가면서 누가 더 많이 넘어뜨리는지 놀이를 합니다.

함께 하면 더 좋은 놀이

–

윷 바벨탑 만들기

길쭉한 윷을 세로로 세워서 바벨탑처럼 높이 쌓아주세요. 탑을 높이 쌓는 방법도 아이와 함께 생각해봅니다. 탑이 아슬아슬 쓰러질 것 같고, 갑자기 무너지면 아이는 아쉬워할 때도 있고 기뻐할 때도 있습니다. 이때 격려와 칭찬의 하이파이브를 하면 아이의 즐거움은 배가 됩니다.

놀이가 주는 효과

정해진 규칙에 따라 진행되는 윷놀이가 아닌, 아이의 아이디어를 이용해서 새로운 놀이를 했습니다. 아이 스스로 놀이와 규칙을 만들어가면서 창의력이 발달합니다. 좁은 윷과 윷 사이에 윷말을 통과시키기 위해서, 탑을 쌓기 위해서 아이는 집중을 합니다. 또한 윷말을 어떻게 통과시켜야 하는지 전략을 세우고, 탑 쌓는 방법을 생각하면서 학습 능력과 문제 해결능력이 향상됩니다.

초록감성 우성 아빠의 이야기

제 책상에는 스테이플러가 있습니다. 우성이는 저와 함께 스테이플러 철심을 꺼내서 놀이를 하기도 합니다. 윷으로 스톤헨지, 바벨탑을 만든 것처럼 기다란 철심을 연결해서 기차를 만들고 크레인이나 다리를 만들기도 합니다. 저도 여기에 생각을 보태서 스테이플러 심으로도 아이와의 새로운 놀이가 생겨납니다.

07

유아 매트로 대형 알까기

유아 매트로 대형 알까기, 어떤 놀이일까요?

알까기는 보통 바둑판이나 장기판 위에서 하는 놀이입니다. 이 놀이는 아이가 있는 집이라면 필수인 유아용 매트를 알까기 판으로 이용하는 것입니다. 커다란 매트 위에서 벌어지는 대형 알까기 한판으로 아이와 급속도로 친해질 수 있는 매력적인 놀이입니다.

우리 집은 이렇게 놀이를 해요

–

준비물 유아용 대형 매트, 작은 플라스틱 통 2~4개

1

놀이 방법

1 **유아용 대형 매트를 준비하세요.** | 아이가 있는 집이라면 대부분 사용하고 있는 유아용 매트면 됩니다.

2

3

2 작은 플라스틱 통을 준비하세요. | 알까기의 말로 사용할 플라스틱 통을 준비합니다(지름 5~10cm, 높이 2~3cm 정도). 저희는 플라스틱 클레이 통을 이용했습니다. 플라스틱 말은 매트 중앙에 서로 마주 보게 놓습니다.

3 상대의 말을 매트 밖으로 밀쳐내세요. | 아이와 서로 번갈아가면서 플라스틱 말을 손으로 튕겨서 상대의 말을 매트 밖으로 쳐냅니다.

함께 하면 더 좋은 놀이

–

매트 동굴 놀이

4세 이하의 아이라면 좁은 공간에 들어가는 것을 좋아합니다. 거실의 유아용 매트로 동굴을 만듭니다. 아이와 같이 매트 아래로 들어가서 동굴처럼 작은 공간을 만듭니다. 이때 곰, 뱀, 두더지, 박쥐와 같은 땅속 동물을 흉내 내고 동물 이름 맞히기 퀴즈를 내면서 놀이를 합니다.

놀이가 주는 효과

바둑판이나 장기판과 같이 작은 판에서 하는 알까기는 손가락을 이용하기 때문에 아이의 소근육 발달에 도움이 됩니다. 반면 매트 위에서 하는 대형 알까기는 대근육 발달에 도움이 됩니다. 이 놀이는 플라스틱 말로 상대방의 말을 매트 밖으로 밀쳐내기 위해 손과 눈의 협응이 필요합니다. 대형 매트 위에서 벌어지는 알까기는 움직임이 많아서 아이들의 운동 발달 능력을 향상해줍니다.

초록감성 우성 아빠의 이야기

유아 매트를 이용한 대형 알까기는 작은 장기판에서 하는 것을 대형 매트 위로 가져온 것뿐입니다. 하지만 아이들은 새로운 놀이로 인식합니다. 매트를 이용해서 동굴 놀이를 하다가 김밥 말이 놀이(아이를 김밥처럼 매트로 돌돌 마는 놀이)를 할 수도 있습니다.

08

종이 바느질

종이 바느질, 어떤 놀이일까요?

아이와 바느질을 해보셨나요? 바늘은 뾰족하고 예리해서 부모들은 보통 아이들에게 바늘을 만지지 못하게 합니다. 특히 5세 이하라면 더욱 못하게 말리지요. 우성이가 5세 때, 단추가 떨어져 바느질하는 저를 보면서 자신도 하고 싶다고 했습니다. 이때 아이가 진짜 바느질을 하기에는 아직 위험해 보여서 종이와 빵끈을 이용한 '종이 바느질'을 했습니다. 종이에 구멍을 뚫어 바느질을 하면서 아이는 바느질을 배우기 시작했습니다.

우리 집은 이렇게 놀이를 해요

–

준비물 A4용지, 이쑤시개, 실, 가위, 빵끈

1

2

놀이 방법

1 **종이로 바느질을 할 티셔츠 도안을 준비합니다.** | 바느질을 할 종이옷을 만들어줍니다. 티셔츠, 바지, 치마 등 바느질하고 싶은 도안을 인쇄하거나 직접 그려도 좋습니다. 준비한 도안의 옷 모양을 따라 가위로 잘라줍니다.

2 **바느질할 곳에 구멍을 뚫어줍니다.** | 자른 옷 도안에 실을 꿰는 곳에 미리 구멍을 뚫어줍니다. 구멍을 뚫는 펀치가 있으면 좋지만 펀치가 없다면 이쑤시개를 이용해서 종이에 구멍을 만듭니다.

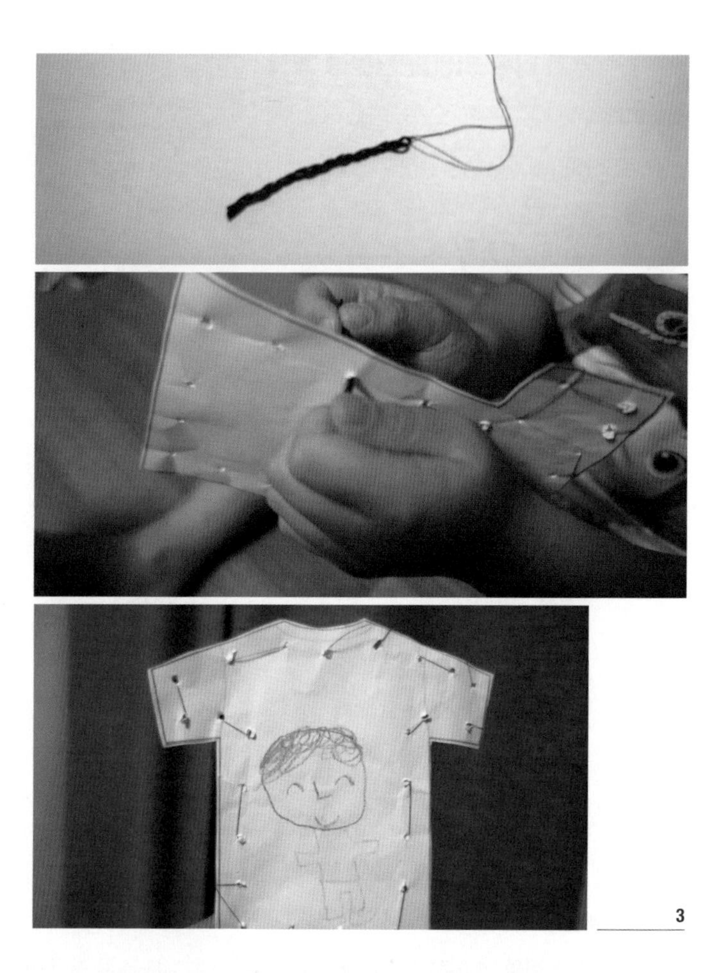

3

3 종이옷에 바느질을 해주세요. | 빵을 묶는 빵끈에 실을 묶어 바늘처럼 만들었습니다. 구멍을 조금 크게 만들면 면봉을 사용해도 괜찮습니다. 아이가 종이옷의 구멍에 빵끈 바늘로 바느질을 하게 해주세요. 아이는 바느질을 잘 못하니 엄마와 아빠가 아이가 잘할 수 있도록 알려줍니다. 그리고 바느질을 마쳤다면 종이옷 위에 그림을 그리거나 색칠을 해주면 더 좋습니다.

함께 하면 더 좋은 놀이

-

진짜 바느질

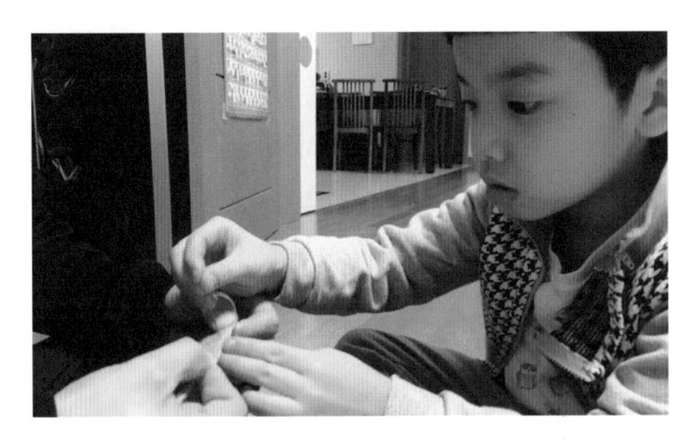

바늘은 얇고 뾰족하기 때문에 실제로 매우 위험합니다. 항상 안전에 유의해서 바느질을 해야 합니다. 종이옷 바느질로 예행연습을 했다면 부모님의 안전한 지도 아래에서 진짜 바느질을 해보는 것도 괜찮습니다. 진짜로 옷을 꿰매면서 아이는 어른이 된 것 같은 기분을 느낄 수 있고, 부모님을 도와주었다는 즐거운 성취감을 얻게 됩니다.

놀이가 주는 효과

바느질은 아이들의 소근육 발달에 도움을 줍니다. 특히 좁은 바늘구멍에 실을 넣고 옷을 꿰매야 하므로 손가락과 눈의 섬세한 협응력이 요구됩니다. 그래서 바느질은 아이가 높은 집중력을 발휘하게 만드는 효과가 있습니다.

놀이로 배운 바느질이 실제로 아빠와 엄마 또는 동생에게 작은 도움을 줄 때 아이는 뿌듯해하면서 성취감을 얻습니다.

초록감성 우성 아빠의 이야기

우성이가 7세 때 동생 바지의 무릎 부분이 찢어진 것을 보고 바느질로 옷을 꿰맸습니다. 아이는 바느질을 마치고 나서 제게 물었습니다.

"아빠, 바느질할 거 더 없어요?"

"음…… 지금은 없는데. 또 하고 싶어요?"

"네! 바느질 더 하고 싶은데, 단추가 떨어진 옷을 찾아주세요."

아이는 바느질이 어느 정도 익숙해지자 자신감이 붙어서 더 하고 싶어 했습니다. 동생을 위해서 옷을 꿰매주었다는 작은 성취감과 뿌듯함으로 더욱 자신감을 얻게 되었습니다.

09

종이 상자 동계 올림픽

종이 상자 동계 올림픽, 어떤 놀이일까요?

집에 택배 상자가 오면 아이들은 어떤 물건이 배송되었는지 궁금해하며 상자를 열어봅니다. 그리고 이 상자는 아이들의 재미있는 놀이로 종종 변신합니다. 평창에서 열린 동계 올림픽의 스켈레톤 경기를 아이들과 본 적이 있는데요. 커다란 택배 상자를 마주한 우성이가 "아빠, 이 상자로 스켈레톤을 만들어볼게요!"라고 말하면서 만들어진 놀이입니다.

우리 집은 이렇게 놀이를 해요

–

준비물 종이 상자, 미끄럼틀

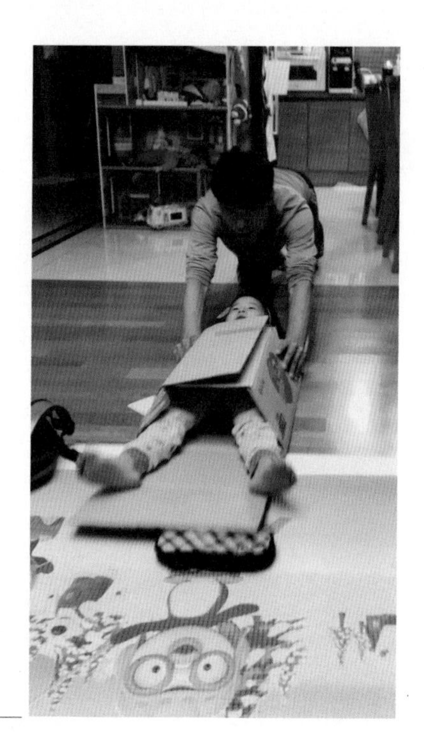

1

놀이 방법

1 **종이 상자 모서리를 잘라서 넓게 펴주세요.** | 종이 상자 모서리를 잘라 펼치고 그 위에 아이를 눕힌 후 상자를 밀어줍니다. 우성이는 "아빠, 스켈레톤은 썰매만 있고 그 위에 사람이 누워 있으니 놀이로 만들기 쉬워요!"라고 말하면서 놀이를 주도했지요. 아빠는 그저 아이가 탄 종이 상자인 스켈레톤을 힘껏 밀었습니다.

2

2 미끄럼틀을 이용해서 스노보드와 썰매를 타보세요. | 아이들과 함께 보았던 스노보드 경기를 떠올린 우성이는 미끄럼틀 위에서 스노보드를 타보겠다고 했습니다. 종이 상자를 스노보드처럼 길게 자르고 미끄럼틀 위에 올라서 종이 상자 위에 발을 얹고 스노보드 타듯이 미끄러져 내려왔습니다. 5세 이하 아이가 하기에는 위험할 수 있으니 꼭 아이를 잡고 타게 해주세요.

3

3 종이 상자로 바로 놀이를 시작해보세요. ㅣ 이 놀이는 종이 상자를 잘라서 바로 하면 됩니다. 아이와의 놀이는 빠르게 진행되기 때문에 흐름이 끊어지지 않는 것이 중요하거든요. 잘 만들지 않아도 아이들은 분위기를 타면서 즐겁게 놀이에 참여하니 종이 상자로 바로 놀이를 시작해보세요.

함께 하면 더 좋은 놀이

-

다양한 종목에 도전하라

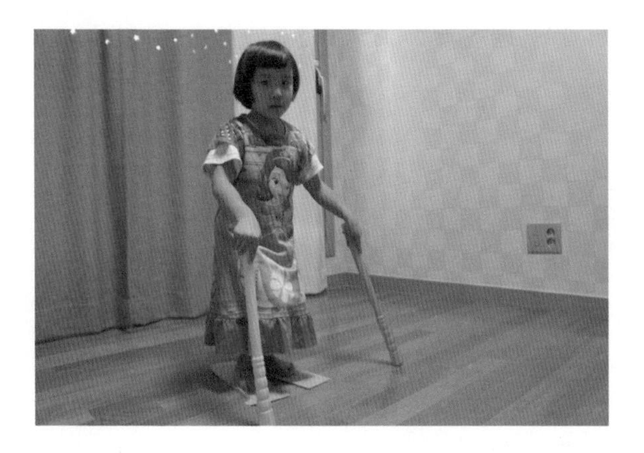

동계 올림픽 경기는 스켈레톤, 스노보드, 스피드스케이팅, 쇼트트랙, 컬링, 스키, 봅슬레이 등 다양합니다. 제가 알고 있는 경기를 아이들에게 알려주면서 간단한 시범을 보여주었습니다. 아이는 평소 가지고 놀던 장난감 막대기로 스키 스틱을 만들어 스키를 탔습니다. 종이로 만든 장비가 정교하지 않아도 아이들은 몸을 이용해서 비슷하게 흉내 내면서 놀이하는 것에 흥미를 느낍니다.

놀이가 주는 효과

이 놀이는 아이들의 운동 능력을 향상시킵니다. 미끄럼틀에서 스노보드와 썰매를 타면서 균형 감각을 익힙니다. 아이는 기억

속에 있던 경기 장면을 떠올리면서 종이 상자로 여러 가지 놀이를 만들어 내고, 경기에 사용하는 장비는 주변의 사물을 이용하기도 하면서 상상력을 키웁니다. 다양한 종목을 시도하면서 부모의 도움 없이 스스로 놀이를 만들어 즐기게 됩니다.

초록감성 우성 아빠의 이야기

아이들과 놀이를 할 때 준비물이 많고 준비 시간이 길면 시작도 하기 전에 지치기 일쑤입니다. 그래서 정작 본 놀이에는 집중하지 못하는 경우가 생깁니다. 놀이는 준비 없이 바로 할 수 있는 것이 좋고, 저는 이렇게 바로 하는 놀이를 추구합니다. 집에 버리는 종이 상자가 은근히 쌓일 때가 있지요. 이때 버리기 전에 아이와 함께 상자로 여러 놀이를 하는 것은 어떨까요.

3장

호기심이 반짝! 쉬운 과학 놀이

바람을 가르는 풍선 로켓 • 자석은 철을 좋아해! 손난로 자석 놀이 • 돋보기로 빛을 모아 불붙이기 • 몸으로 배우는 접착제 놀이 • 탁구공을 원상 복구하라 • 와인 오프너 놀이 • 사라진 동전 찾기 • 흡착 놀이

일상에서 호기심을 깨우자

–

우리가 생활하는 일상 속에는 수많은 과학적 사실이 숨겨져 있습니다. 아이가 쉽게 접하는 일상에서부터 과학과 친해지는 시간이 되었으면 하는 마음으로 과학 놀이를 했습니다. 간단한 과학 용어부터 조금은 어려운 과학 현상까지 아이들의 호기심을 끌어낼 수 있는 가장 쉬운 접근법은 놀이로 시작하는 것입니다.

아이에게 과학적 현상을 자세하게 설명해주고 완벽한 실험을 하면 좋겠지만, 실제로 제가 그렇게 하기에는 부족한 점이 많습니다. 그래서 저는 정답을 알려주는 것보다 아이가 호기심을 가지고 스스로 답을 찾을 수 있게 도와주고자 했습니다.

'쉬운 과학 놀이' 편은 아이의 호기심을 부모가 지나치지 않고 재미있는 놀이로 만들어 주어, 아이가 스스로 답을 찾을 수 있도록 해주는 놀이를 소개합니다. 어렵게만 느껴지는 과학 현상이 우리의 생활과 밀접하게 연관되어 있다는 것을 알려주고 간단한 실험을 하면서 일상에서 아이의 지적 호기심을 깨우는 '쉬운 과학 놀이'를 시작합니다.

01

바람을 가르는 풍선 로켓

바람을 가르는 풍선 로켓, 어떤 놀이일까요?

저는 아이들과 풍선으로 다양한 놀이를 하고 있습니다. 풍선을 공중에서 떨어뜨리지 않는 공중 부양 놀이부터 풍선으로 쉬운 동물 만들기, 풍선 칼싸움, 물풍선 놀이 등 다양하게 풍선을 활용합니다.

로켓에 대한 과학 동화를 아이와 함께 읽고 있을 때, 로켓이 어떻게 빠르게 날아갈 수 있는지 쉽게 알려주기 위해 풍선 로켓을 만들어보기로 했습니다. 빵빵한 풍선의 공기가 빠지는 힘을 이용한 놀이를 소개합니다.

우리 집은 이렇게 놀이를 해요

준비물 풍선, 실, 빨대, 가위, 테이프(빨래집게도 있으면 좋아요)

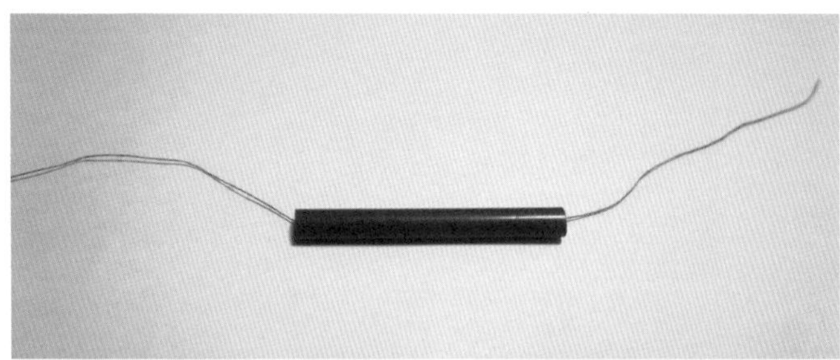

1

놀이 방법

1 **빨대에 실을 넣어주세요.** | 빨대를 5~10cm 정도 길이로 자른 후 실을 빨대 안쪽에 넣어주세요. 풍선 로켓이 실을 따라서 날아갈 수 있게 실을 방 한쪽 끝에서 다른 쪽 끝까지 연결해줍니다.

2

3

2 **풍선에 바람을 넣은 후 풍선을 빨대에 붙여주세요.** | 풍선을 크게 불고 실에 연결해놓은 빨대에 테이프로 풍선을 붙입니다. 이때 풍선의 바람이 빠지지 않게 손으로 입구를 잡습니다. 빨래집게가 있다면 빨래집게로 입구를 집어놓아도 좋습니다.

3 **로켓처럼 풍선이 날아가게 해주세요.** | 풍선을 집고 있던 빨래집게를 놓거나 손으로 잡고 있던 풍선을 놓습니다. 풍선에서 바람이 빠지면서 로켓처럼 실을 타고 앞으로 날아갑니다. 아이와 함께 여러 번 시도하면서 풍선 로켓을 즐겨보세요.

함께 하면 더 좋은 놀이

–

풍선 바람의 힘을 느껴보자

풍선 로켓은 풍선 안에 있던 바람이 빠르게 밖으로 빠져나오면서 공기를 밀어내어 앞으로 날아가게 되는 것입니다. 풍선 로켓이 날아가는 원리에 대해 아이에게 간단하게 설명해주세요. 풍선에서 나오는 바람이 얼마나 센지 느낄 수 있게 아이에게 풍선 바람을 쏴보기도 합니다.

아이는 풍선 바람을 맞으면 깔깔거리면서 웃을 것입니다. 풍선에서 나오는 바람의 힘으로 로켓처럼 앞으로 나아간다는 것을 알 수 있습니다. 5세 이상의 아이라면 부모의 말을 알아들을 수 있으니 차근차근 설명해주세요.

놀이가 주는 효과

우리는 다양한 과학의 원리를 매일 접하며 살고 있습니다. 단지 우리가 신경 쓰지 않아서 일상에 숨어 있는 과학의 원리를 인지하지 못하는 것뿐이지요. 풍선 로켓이 날아가는 원리가 간단하더라도 막상 아이에게 설명하려니 어려웠습니다.

하지만 엄마 아빠가 아이에게 간단한 실험으로 원리를 이해할 수 있게 도와준다면 아이는 호기심이 생겨 재미있게 배우게 됩니다. 쉬운 과학 실험을 꾸준히 하다 보면 아이는 여러 현상에 대해서 궁금증과 호기심을 가지게 돼요. 아이가 과학을 쉽게 접하고 과학적 호기심을 키워나갈 수 있게 엄마 아빠가 직접 나서서 쉬운 과학 실험 놀이를 해주세요.

초록감성 우성 아빠의 이야기

저는 아이들과 놀이를 하면서도 궁금증을 유발하는 질문을 꾸준히 합니다. 그렇다 보니 아이들은 풍선이 날아가는 것처럼 단순한 현상에 대해서도 호기심을 가지고 질문을 합니다. 해결되지 않은 궁금증은 책을 찾거나 아빠와 대화를 하면서 배웁니다. 물론 저 역시 부족한 지식으로 설명하는 것이 힘들 때가 많습니다. 하지만 어떻게든 쉽게 설명해주기 위해 간단한 실험을 하고 공부하면서 아빠의 얕은 지식도 조금씩 깊어지고 있습니다.

02

자석은 철을 좋아해!
손난로 자석 놀이

자석은 철을 좋아해! 손난로 자석 놀이, 어떤 놀이일까요?

추운 겨울이면 어김없이 찾게 되는 필수 아이템이 바로 휴대용 손난로이지요. 보통 흔들어서 사용하는 일회용 손난로가 열이 오래가고 갖고 다니기 간편해서 아이들이 있는 집에서는 겨울에 외출할 때 주로 사용합니다. 하지만 이것은 한 번 사용한 후에 버리게 됩니다.

어느 날 첫째 아이가 "아빠, 손난로가 왜 따뜻해져요?"라고 물었습니다. 그래서 아빠인 저도 궁금하고 아이가 알았으면 좋겠다는 생각에서 아이들과 함께 손난로를 뜯어보았습니다.

우리 집은 이렇게 놀이를 해요

–

준비물 다 쓴 휴대용 손난로, 바닥에 깔 넓은 비닐, 자석, 스크루 드라이버

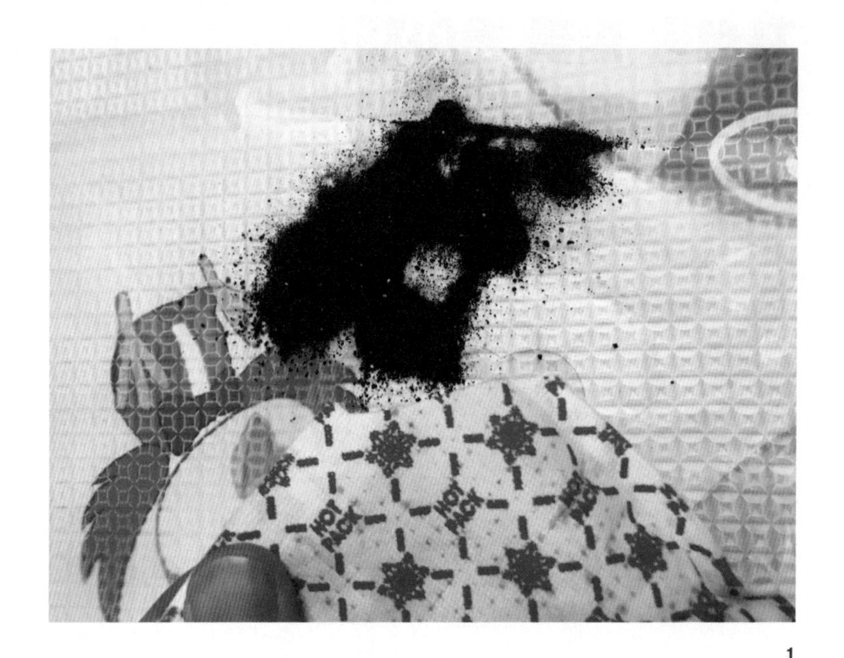

1

놀이 방법

1 **다 쓴 휴대용 손난로를 뜯어 쇳가루를 비닐 위에 부어주세요.** | 휴대용 손난로 안에는 대부분 고운 쇳가루가 들어 있습니다. 열기가 식은 손난로의 내용물은 보통 검은색을 띠니 바닥이 더러워지지 않게 넓은 비닐을 깔고 그 위에 쇳가루를 조금만 부어주세요.

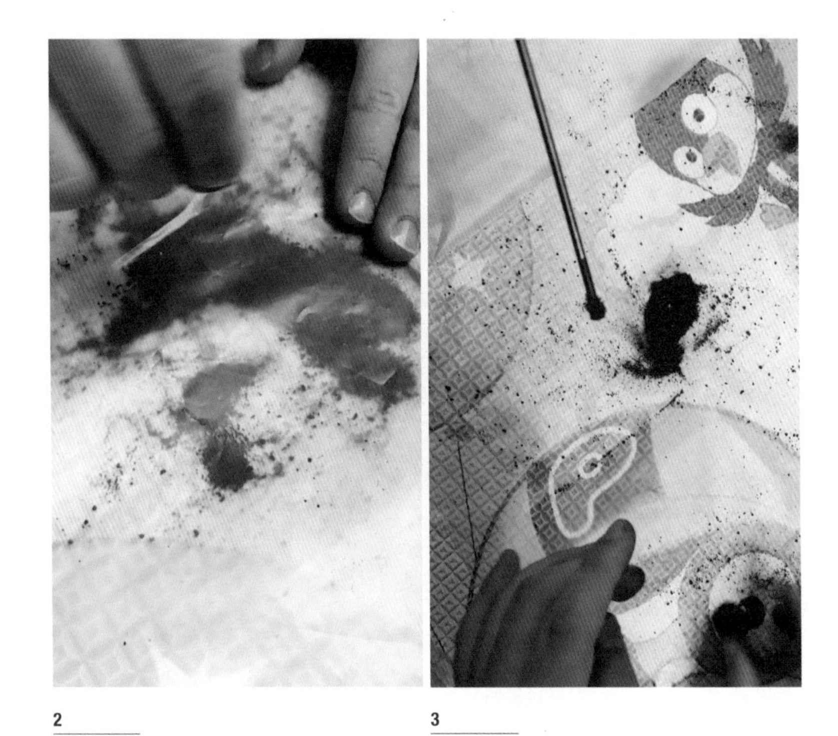

2

3

2 자석을 이용해서 쇳가루의 움직임을 살펴보세요. | 손난로의 주재료는 고운 쇳가루와 소량의 물, 소금, 활성탄과 톱밥 등입니다. 쇳가루가 산화되면서 열을 발산하는 것이지요. 우선 쇳가루를 비닐로 덮은 후 그 위에서 자석으로 쇳가루를 이동시키는 실험을 합니다. 그러면 자석에 쇳가루가 묻지 않고 자석을 따라서 움직이는 모양을 관찰할 수 있습니다.

3 드라이버에도 쇳가루를 붙여보세요. | 스크루 드라이버를 자석에 붙여놓고 잠시 기다립니다. 아이에게 드라이버를 주면서 쇳가루에 가까이 가져가도록 합니다. 이때 자석이 아닌데도 드라이버에 쇳가루가 붙게 되는 신기한 현상이 생깁니다. 자석에 붙어 있던 쇠는 자석처럼 자성을 띠기 때문입니다.

함께 하면 더 좋은 놀이

–

쇳가루 그림 그리기

바닥에 비닐을 깔고 그 위에 검은색 쇳가루를 넓게 펼쳐주세요. 손이나 도구(연필, 볼펜, 붓)를 이용해서 아이와 함께 쇳가루로 그림을 그립니다. 마치 샌드 아트와 같은 형태를 보이면서 다양한 그림을 그릴 수 있습니다.

쇳가루를 작은 유리컵이나 시험관에 넣은 후 쇳가루가 자석을 따라서 움직이는 것을 실험합니다. 이 실험을 하면서 5세 아이는 자석의 힘을 알아가게 되었습니다. 자석이 멀어질수록 쇳가루를 끌어당기는 힘이 약해지고, 가까이할수록 쇳가루를 끌어당기는 힘이 세지는 것을 함께 실험하고 아이에게 간단히 설명을 해줍니다.

놀이가 주는 효과

다 쓴 휴대용 손난로는 한 번 사용하고 버리는 쓸모없는 것이 되지요. 하지만 엄마 아빠가 조금만 관심을 보여주고 아이가 궁금해하는 것을 놓치지 않는다면 재미있게 과학을 배우는 놀이가 됩니다. 어떤 원리로 열이 나는지 궁금해하는 아이의 작은 호기심에 관심을 가진다면 아이의 관찰력과 과학적 지식이 쌓이게 돼요. 정확한 원리를 알지 못하더라도 어떤 재료로 만들어졌는지, 어떻게 생겼는지 파악할 수 있어요. 이런 아이의 가벼운 호기심과 지식일지라도 경험을 해본 것과 그렇지 않은 경우 많은 차이가 있답니다.

초록감성 우성 아빠의 이야기

승희는 유치원에서 말굽자석과 쇳가루가 든 작은 용기를 가지고 와서 제게 보여주고 설명을 해주었습니다. 그런데 어느 날 제게 와서 "아빠, 말굽자석이 깨졌는데 왜 아직 힘이 남아 있어요?"라고 물어본 기억이 떠오릅니다.

03

돋보기로 빛을 모아 불붙이기

돋보기로 빛을 모아 불붙이기, 어떤 놀이일까요?

아이들은 물건을 확대해서 볼 수 있는 돋보기를 보면 굉장히 신기해합니다. 작은 장난감 돋보기를 가지고 놀던 아이들에게 큰 돋보기를 사주려고 생각했다가 깜박 잊어버렸지요. 1년 전 고향에 갔을 때 첫째 아이가 어디선가 할아버지가 쓰던 돋보기로 식물과 곤충을 관찰하고 있었습니다.

햇볕이 너무 따사롭고 좋아서 "돋보기로 불을 붙일 수 있다는 거 알아요?"라고 말하고 실험을 했습니다.

우리 집은 이렇게 놀이를 해요

–

준비물 돋보기, 종잇조각이나 나뭇가지

1

놀이 방법

1 **돋보기를 준비하세요.** | 돋보기로 햇빛의 초점을 맞추고 빛을 한 점에 모으는 방법을 아이에게 알려줍니다. 빛의 거리에 맞춰서 돋보기를 조금씩 움직이면서 초점이 맞는 순간을 기억합니다.

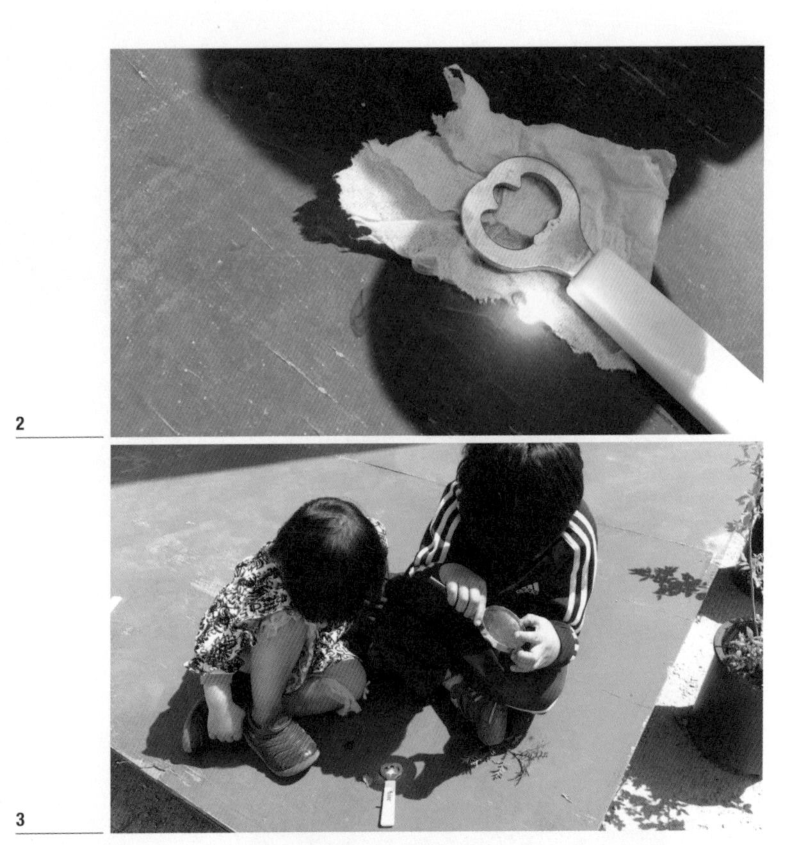

2

3

2 종잇조각을 바닥에 놓아주세요. | 종잇조각을 바닥에 올려놓고 고정합니다. 돋보기로 불씨를 만들고자 하는 종이에 햇빛의 초점을 맞춥니다. 모아진 빛이 종이 위에 가장 작은 원을 만들 때가 빛의 세기가 가장 클 때입니다.

3 나뭇가지나 나뭇잎을 이용해보세요. | 나뭇잎이나 나뭇가지로도 실험해보세요. 마른 나뭇잎과 젖은 나뭇잎에 차례로 불을 붙여봅니다. 왜 마른 나뭇잎에 불이 잘 붙는지 아이와 이야기를 나눕니다. 참고로 햇빛이 강하니 아이에게 선글라스를 씌우고 화상과 화재 위험이 있으니 안전하게 실험을 합니다.

함께 하면 더 좋은 놀이

–

돋보기로 신체 관찰하기

아이에게 돋보기로 엄마 아빠의 손등 주름을 관찰하게 하거나 얼굴이나 눈을 확대해서 보면 재미있어합니다. 부모도 돋보기로 아이의

눈을 관찰하고 아이들의 행동에 재미있는 반응을 보여주세요.

아이가 6세 이상이라면 돋보기로 물체가 크게 보이는 이유를 간단하게 설명해줍니다. "돋보기를 만져보면 가운데가 볼록하고 끝보다 두껍잖아요. 돋보기가 볼록하면 할수록 더 크게 보이게 돼요"와 같이 간단하게 설명하고 아이가 더 궁금해하면 과학 책을 찾아서 함께 읽어봅니다.

물방울 돋보기

글씨가 적혀 있는 종이 위에 물 한 방울을 떨어뜨리면 글씨가 크게 보입니다. 물방울 모양이 돋보기처럼 볼록한 형태이기 때문에 글씨가 크게 보이는 현상을 설명해줍니다.

놀이가 주는 효과

우리 주변에는 과학적 사실이 많이 숨겨져 있지요. 돋보기를 이용해서 사물을 크게 볼 수 있고, 햇빛을 모아서 불을 붙일 수 있다는 사실을 알게 되면 아이들의 지적 호기심은 커집니다. 실험을 통해 빛의 굴절을 배우고, 돋보기로 글씨나 사물을 크게 보고 다양한 방법으로 활용할 수 있다는 사실을 알게 되면서 사고력이 향상됩니다.

초록감성 우성 아빠의 이야기

9세 우성이가 어느 날 "아빠, 제 곤충 채집통으로 관찰하면 곤충이 크게 보여요. 곤충 채집통이 플라스틱으로 되어 있는데 돋보기처럼 두께가 다른 것 같아요"라고 말했습니다. 아이와 곤충 채집통을 관찰하면서 "두께가 다르면 돋보기처럼 빛의 굴절이 달라지고, 유리가 아닌 플라스틱으로도 돋보기를 만들 수 있어요"라고 설명해주었습니다.

04

몸으로 배우는 접착제 놀이

몸으로 배우는 접착제, 어떤 놀이일까요?

둘째 아이가 4세 때 가지고 놀던 블록이 깨졌습니다. 아이들은 어떻게 하면 블록을 붙일 수 있냐고 물었지요. 저는 테이프로 붙이는 방법과 접착제로 붙이는 방법이 있다고 설명하면서 "어떻게 하면 더 잘 붙일 수 있을까요?"라고 물어봤어요. 이 놀이는 깨진 블록을 접착제로 붙이는 것에서 착안해 4세와 8세 아이들의 놀이가 되었습니다.

우리 집은 이렇게 놀이를 해요

–

준비물 몸을 묶을 수 있는 끈

1

놀이 방법

1 **아이들과 부모가 서로 하나의 분자가 되어주세요.** | 아이가 분자의 개념을 몰라도 괜찮습니다. 저는 아이들에게 분자는 '어떤 물질을 이루는 작은 단위'인데, 가득 찬 돼지 저금통의 동전과 같다고 설명해주었습니다. 아빠가 분자 1개, 우성이가 분자 1개, 승희가 분자 1개라고 말하고 놀이를 시작했습니다.

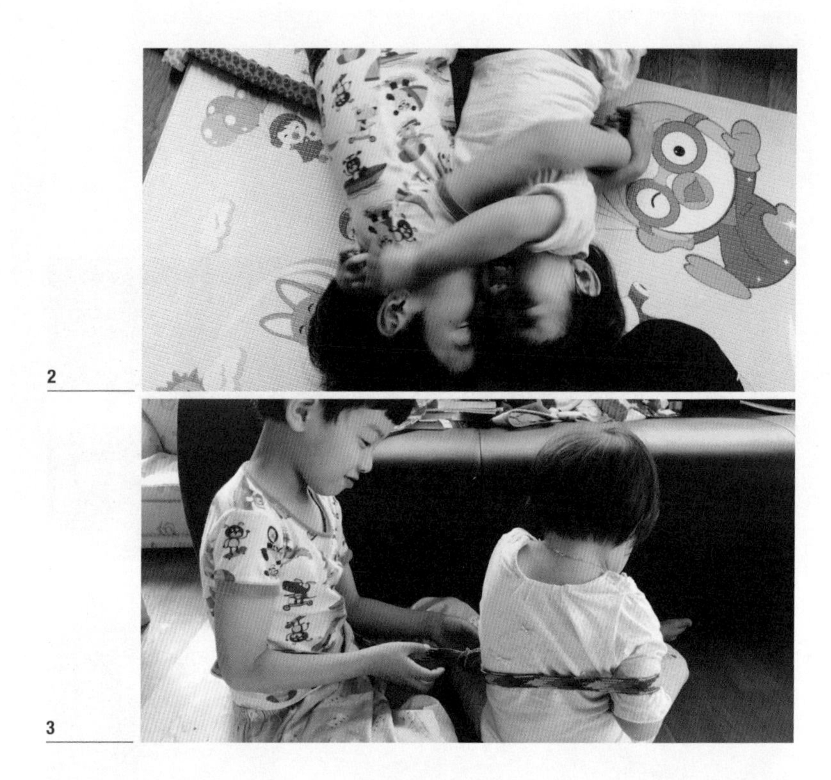

2

3

2 서로 껴안으면 단단해진다는 개념을 알려주세요. | 아이들을 껴안으면서 분자가 서로 꼭 껴안으면 단단해지고 다른 사람이 잡아당겨도 잘 떨어지지 않는다고 설명했습니다. 손만 잡고 있으면 약해서 쉽게 떨어진다고 말했습니다. 아이들과 서로 분자가 되어서 한번 껴안아보고 떨어지면서 분자의 개념을 몸으로 이해하는 시간을 가져보세요.

3 끈을 이용해서 서로 묶어주세요. | 끈으로 서로의 몸을 가볍게 묶어보았습니다. 끈은 접착제 역할을 하는데, 사물을 붙일 때 사용하는 접착제는 분자와 분자를 끈으로 묶는 것과 같다고 설명했습니다. 끈으로 묶인 아이들은 서로 떨어지기 어려워하면서 접착제가 분자를 서로 연결시켜준다는 사실을 배웠습니다.

함께 하면 더 좋은 놀이

–

포스트잇과 테이프의 점착력

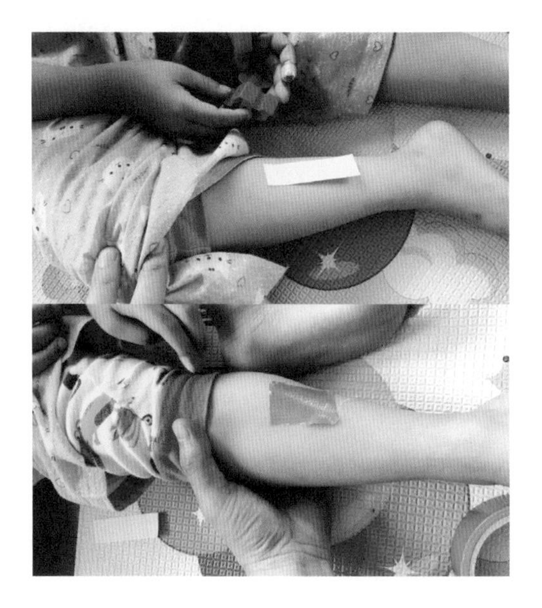

접착제와 점착제의 차이를 설명해주려고 포스트잇을 이용했습니다. 접착제는 물체가 영구적으로 떨어지지 않게 하는 것이고, 점착제는 사물에 붙였다 뗄 수 있다는 사실을 알려주었습니다.

포스트잇과 녹색 테이프를 아이 다리에 붙였다가 떼어보면서 부착력의 차이를 알아갔습니다. 우성이는 "아빠, 녹색 테이프를 다리에서 뗄 때 살이 너무 아팠어요. 포스트잇보다 붙어 있는 힘이 더 세요"라고 말했어요. 이렇게 접착제와 점착제에 대해 배우고 붙어 있는 힘이 서로 다르다는 것을 알 수 있는 시간이 되었습니다.

놀이가 주는 효과

아이들과 서로 분자가 되는 놀이를 통해서 분자의 개념과 접착제의 역할에 대해 배울 수 있습니다. 분자가 가까워질 때와 멀어질 때의 분자 움직임을 간접적으로도 배웁니다. 포스트잇과 녹색 테이프의 부착하는 힘의 차이를 배웁니다.

부모가 아이에게 지식을 알려주는 것에는 한계가 있습니다. 저 역시 그 한계를 극복할 수 없어서 공부를 하고 있습니다. 하지만 간단한 실험을 통해서 아이의 호기심을 이끌어내고 아이에게 스스로 답을 찾아갈 수 있는 능력을 키워줄 수 있습니다.

초록감성 우성 아빠의 이야기

블록이 깨지면 그냥 버리고 넘어갈 수도 있고, 블록을 어떻게 붙이냐는 질문에 접착제로 붙이고 넘어갈 수도 있습니다. 하지만 아빠가 아이들에게 접착제가 붙는 원리를 간단히 설명해주고 아이들과 함께 몸을 이용해서 원리를 이해할 수 있게 놀이로 만들었습니다.
사실 제게 접착제의 원리를 자세하게 설명하라고 하면 잘 모릅니다. 그저 제가 알고 있는 지식을 이용해서 아이들이 어떻게 하면 재미있게 배울 수 있을지 고민했습니다. 그렇게 놀이가 탄생했고, 아이들은 놀이를 하면서 과학적 지식을 배우고 좀 더 깊이 있는 내용은 책을 읽으면서 답을 찾고 있습니다.

05

탁구공을 원상 복구하라

탁구공을 원상 복구하라, 어떤 놀이일까요?

승희가 집 어딘가에 숨어 있던 탁구채와 탁구공을 들고 왔습니다. 저도 잊고 있었던 탁구공과 탁구채였습니다. 우선 탁구공을 탁구채 위에 올려놓고 바닥에 떨어뜨리지 않는 놀이를 했습니다. 문득 초등학교 시절 찌그러진 탁구공을 되살리던 기억이 떠올랐습니다. 그래서 아이들과 함께 찌그러진 탁구공을 원래 모양으로 복원하는 간단한 과학 실험을 했습니다.

우리 집은 이렇게 놀이를 해요

–

준비물 탁구공, 물컵, 뜨거운 물과 차가운 물

2

1

놀이 방법

1 **탁구공을 손가락으로 살짝 눌러 패게 만들어주세요.** | 아이에게 먼저 탁구공 속은 비어 있고 공기로 채워져 있다고 설명합니다. 그런 후 탁구공의 표면을 손가락으로 눌러서 작은 홈을 만듭니다.

2 **뜨거운 물과 차가운 물이 담긴 물컵을 준비하세요.** | 탁구공을 뜨거운 물과 차가운 물에 넣고 탁구공 안의 온도 변화에 대해 이야기합니다. 어른 입장에서 온도와 압력, 부피를 설명하면 아이가 어려워하니 어떻게 쉽게 설명할지 고민이 필요합니다.

3

3 뜨거운 물에 넣은 탁구공을 확인합니다. | 차가운 물에 넣은 탁구공과 달리 뜨거운 물에 집어넣은 탁구공은 시간이 지나면서 파인 홈이 평평해지는 것을 볼 수 있습니다. 아이들은 탁구공이 원래대로 돌아오면 신기해하며 왜 그렇게 되는지 물어봅니다.

이때 아이에게 기체의 팽창에 대해 이야기해봅니다. 저는 이렇게 설명을 해주었습니다.

"아빠와 우성이와 승희가 히터를 튼 방 안에 있어요. 그럼 승희는 어떻게 할 것 같아요?"

"그럼 더워서 밖으로 나가요."

"맞아요. 우리가 더워서 방 밖으로 나가려고 하는 것처럼 탁구공 안에 있는 기체 분자들도 뜨거운 물 때문에 밖으로 나가려고 해요. 그런데 나가는 문이 없으니 탁구공의 벽을 밀어내는 거예요. 그래서 찌그러진 곳이 펴지게 돼요."

이런 식으로 아이와 눈높이를 맞추는 것은 어떨까요.

함께 하면 더 좋은 놀이

-

공중에서 회전하는 탁구공

탁구공이 쏙 들어갈 만한 컵과 빨대를 준비합니다. 소주잔 정도 크기면 좋습니다. 컵 안에 탁구공을 넣고 지면과 45도 각도에서 빨대로 바람을 붑니다. 빨대 끝에서 나가는 바람은 탁구공과 컵 사이로 지나가면서 탁구공을 위로 띄워줍니다. 그리고 불어오는 바람에 탁구공은 공중에서 계속 회전하게 됩니다.

공기의 흐름이 탁구공을 띄우면서 회전하게 하니 아이들은 그저 신기해 합니다.

놀이가 주는 효과

아이들이 자연스럽게 과학 지식을 배울 수 있게 일상의 놀이에서 과학적 사실을 알려주면 좋습니다. 찌그러진 탁구공을 뜨거운 물을 이용해서 펴는 이 실험을 통해 보편적인 기체와 온도의 관계인 '샤를의 법칙'을 배울 수 있습니다.

샤를의 법칙은 '일정한 압력에서 온도가 1도 올라갈 때마다 기체의 부피가 일정하게 커진다'는 것입니다. 고온에서 기체 분자의 운동이 활발해져서 탁구공 벽에 충돌하는 횟수가 증가하고 부피가 커지면서 찌그러진 곳을 복원하는 것입니다.

초록감성 우성 아빠의 이야기

'바람은 어떻게 불어요? 사람은 목소리를 어떻게 내나요? 헬멧에 구멍은 왜 만들었어요?' 등과 같이 아이들은 그냥 지나칠 수 있는 것에 호기심을 가집니다. 저는 과학적 현상을 어렵다고 그냥 지나치는 것보다는 최대한 간단하게 알려주려고 노력하면서 아이와 지식을 공유하고 있습니다. 물론 쉽지만은 않지만요.

06

와인 오프너 놀이

와인 오프너 놀이, 어떤 놀이일까요?

우성이가 5세 때 주방 서랍장에서 와인 오프너를 들고 오면서 "아빠, 이건 뭐예요?"라고 물었습니다. 와인의 코르크 마개를 따는 오프너라고 설명해 주었는데, 왜 회오리 모양(나선 모양)으로 생겼냐고 다시 질문했습니다.

저는 아이에게 설명을 해주려고 예전에 선물로 받았던 와인 병을 꺼냈습니다. 와인 오프너 놀이는 오프너가 나무로 만든 코르크 마개를 열기 위해 회오리 모양처럼 생긴 이유를 설명하면서 탄생한 놀이입니다. 신기하게 생긴 와인 오프너로 아이와 함께 과학 놀이를 해보겠습니다.

우리 집은 이렇게 놀이를 해요

–

준비물 스티로폼 상자, 와인 오프너

1

놀이 방법

1 **와인 오프너와 스티로폼 상자를 준비해주세요.** | 와인 오프너로 코르크 마개를 따는 것은 아이에게 어렵습니다. 따라서 아이가 쉽게 해볼 수 있도록 스티로폼 상자를 준비합니다.

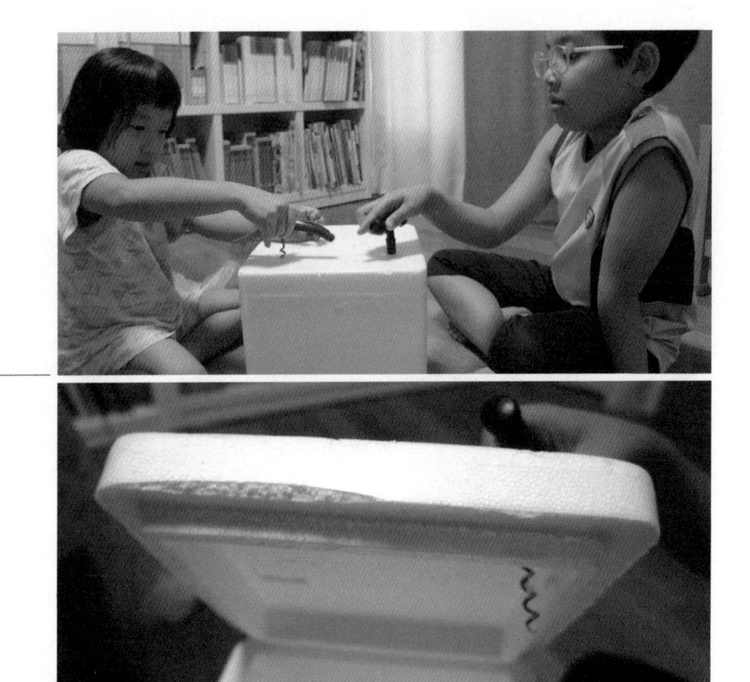

2

3

2 스티로폼 상자에 나선형의 와인 오프너를 돌려 넣어주세요. | 준비된 스티로폼 상자를 이용해 와인 오프너 사용 방법을 간단히 보여줍니다. 나선형 모양의 와인 오프너를 시계방향(오른쪽)으로 돌리면 스티로폼 안으로 들어가고, 반시계방향(왼쪽)으로 돌리면 밖으로 나온다는 것을 시범과 함께 알려줍니다. 이제 아이가 직접 해볼 수 있도록 와인 오프너를 맡겨주세요. 물론 와인 오프너의 끝이 날카로우니 주의해야 합니다.

3 상자 안쪽을 확인해주세요. | 스티로폼 상자에 오프너를 돌려서 넣었다면 상자를 열어 반대 면에 어떻게 나선형의 오프너가 들어가 있는지 확인합니다. 또는 상자를 들어 올려봅니다.

함께 하면 더 좋은 놀이

당근 이용하기

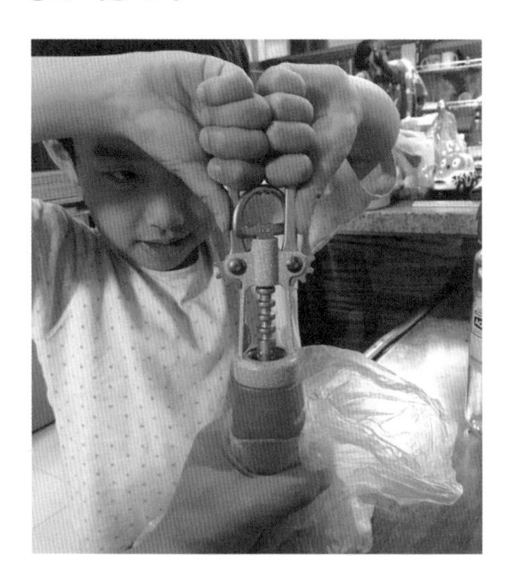

부드러운 스티로폼 대신에 딱딱한 당근을 이용해서 실제로 코르크 마개를 따는 흉내를 내보세요. 당근은 딱딱하지만 아이가 와인 오프너를 돌리게 되면 생각보다 속으로 잘 들어갑니다. 당근을 살짝 잡고 아이가 오프너를 잡아당기면서 코르크 마개를 따는 것처럼 따라 해보면 더 재미있습니다.

또한, 나사못이 있다면 스크루 드라이버로 나사못을 스티로폼 박스에 박게 합니다. 나사못과 와인 오프너는 나선형 모양으로 비슷한 원리라는 것을 설명해줍니다. 나선형으로 되어 있는 나사못과 와인 오프너는 잘 빠지지 않는 이유도 함께 이야기합니다.

놀이가 주는 효과

아이들은 뱅글뱅글 나선 형태에 흥미를 느낍니다. 롤리팝이나 달팽이를 예로 들어 설명하면 쉽게 나선형의 특징을 이해합니다.

오프너로 병뚜껑을 따면서 지렛대의 원리를 배우는 것처럼, 와인 오프너 역시 지렛대의 원리가 작용합니다. 와인 오프너 놀이를 하면서 지렛대의 개념도 배울 수 있습니다. 또한 와인 병에 박혀 있는 코르크 마개를 오프너라는 도구로 따는 과정을 통해 도구 사용의 장점을 배웁니다.

초록감성 우성 아빠의 이야기

회사 회식 자리에서 와인을 마시고 나서 코르크 마개를 집으로 가져온 적이 있습니다. 코르크 마개가 아이들의 장난감이 될 것 같아서 챙겨 가지고 왔지요.
어느 날 우성이가 코르크 마개를 잘라보면서 "코르크 마개는 어떤 나무로 만들었어요? 딱딱하지 않고 왜 부드러워요?"와 같이 여러 가지 질문을 던졌습니다. 코르크 마개 하나가 아이의 호기심을 자극한 것이지요.
얼마 전 공중화장실 입구에서 나선 모양이 돌아가면서 화장지를 밀어내는 자판기를 보았습니다. 와인 오프너의 나선형과 비슷하다는 대화를 시작으로 자판기 원리에 대해 함께 이야기를 나누었답니다.

07

사라진 동전 찾기

사라진 동전 찾기, 어떤 놀이일까요?

우리는 평소 빛의 굴절에 대한 현상을 자주 봅니다. 단순하게는 컵 속에 들어 있는 빨대가 꺾여 보이는 것부터 하늘에서 무지개를 보는 것까지 빛의 굴절 현상은 어느 곳에나 존재합니다.

공기보다 굴절률이 큰 물과 컵을 이용해서 굴절 현상에 대해 가볍게 알아볼 수 있는 놀이를 소개합니다.

우리 집은 이렇게 놀이를 해요

–

준비물 불투명한 컵, 동전, 물

1

놀이 방법

1 **불투명한 컵을 준비하세요.** | 안이 보이지 않는 불투명한 컵과 100원짜리 동전 한 개를 준비합니다.

2

3

2 컵 안쪽 바닥 중앙에 동전을 넣습니다. | 동전을 컵 안쪽 바닥에 놓을 때 동전이 움직이지 않게 테이프로 붙입니다. 그리고 아이의 눈높이에 맞춰서 컵을 아이 앞쪽에 둡니다. 아이의 눈에 동전이 보이지 않고 컵 안쪽 벽면이 보이도록 자리를 잡습니다.

3 컵에 물을 천천히 채워주세요. | 컵에 물을 천천히 채우면서 아이의 눈에 동전이 보이는지 확인합니다. 컵 속에 물이 가득 차게 되면 아이 눈에 동전이 보입니다. 아이의 눈높이를 잘 맞추지 못했다면 컵 속의 동전이 잘 보이지 않을 수 있으니 아이가 보이는 것을 확인하면서 실험합니다.

함께 하면 더 좋은 놀이

–

컵 속에서 꺾이는 빨대

투명한 유리컵에 빨대를 넣습니다. 물이 들어 있지 않은 컵 속의 빨대는 꺾여 보이지 않습니다. 컵에 물을 채우면 빨대는 꺾여 보입니다. 물과 공기는 서로 다른 물질로 굴절률이 다릅니다. 모든 물질은 고유의 굴절률을 가지고 있고 서로 다른 물질은 굴절률이 달라서 우리 눈에 다르게 보이는 것이라고 설명합니다.

아이가 6세 이상이라면 빛의 굴절 현상에 대해 이야기해보고, 관련 책을 찾아서 함께 읽는다면 더욱 효과적인 실험이 됩니다.

놀이가 주는 효과

실험을 통해 어떤 물질이 가지고 있는 고유의 굴절률에 대해 알아갑니다. 물과 공기의 굴절률이 직진하는 빛을 꺾어주는 역할을 하는 빛의 굴절 현상에 대해 배웁니다. 저도 이 현상을 아이에게 설명하는 것이 쉽지 않았습니다. 부모가 깊이 있게 설명을 해주면 좋겠지만, 물과 동전과 컵을 이용하여 빛의 굴절 현상에 대한 실험을 한다면 아이는 굴절률이라는 용어와 함께 간단하게 개념을 익히게 됩니다.

초록감성 우성 아빠의 이야기

우성이와 저는 빛의 현상에 대한 이야기를 참 많이 합니다. 태양이 해 질 녘에 빨갛게 보이는 이유, 무지개는 왜 색을 띠는지, 낮에는 달이 하얗게 보이는데 저녁에는 왜 노란색에 가까운지, 낮에 하늘은 왜 파랗게 보이는지 등 여러 가지 질문과 대화를 합니다.

08

흡착 놀이

흡착 놀이, 어떤 놀이일까요?

욕실 거울에 칫솔걸이를 걸기 위한 흡착 패드를 사용합니다. 어느 날 퇴근 후 집에 와보니 욕실 거울에 붙여놓았던 칫솔걸이가 바닥에 떨어져 있었습니다. 그때 6세 우성이는 왜 칫솔걸이가 떨어졌는지 궁금해했습니다. 그래서 흡착 패드를 이용해서 흡착이 되는 방법을 알려주었습니다. 흡착 패드로 물건을 들어 올리는 재미있는 놀이를 해보겠습니다.

우리 집은 이렇게 놀이를 해요

–

준비물 흡착 패드

1

2

놀이 방법

1 **흡착 패드를 준비하세요.** | 욕실에 부착된 흡착 패드를 떼어서 준비합니다. 여분의 흡착 패드가 있으면 크기가 다른 여러 가지를 준비합니다.

2 **흡착 패드로 부착력을 시험해보세요.** | 먼저 흡착 패드를 잘 붙을 만한 곳에 붙입니다. 아이가 흡착 패드를 잡아당겨보고 잘 떨어지지 않으니 떼어내는 방법을 함께 고민합니다.

3

3 표면이 매끈한 물건과 울퉁불퉁한 물건에 흡착해보세요. | 표면이 매끈한 물건을 찾아봅니다. 보드북, 휴대폰, 평평한 작은 접시를 준비해서 흡착 패드를 붙여봅니다. 깨지는 물건을 이용할 때는 꼭 매트 위에서 합니다.

흡착 패드를 표면이 매끈한 물건과 표면이 울퉁불퉁한 물건에 붙여봅니다. 매끈한 표면에는 잘 붙고 울퉁불퉁하면 잘 붙지 않습니다. 아이에게 흡착 패드가 표면 상태에 따라서 부착력에 차이가 있다는 것에 대해 설명합니다.

함께 하면 더 좋은 놀이

–

뚫어펑 놀이

뚫어펑은 우성이가 4세 때부터 가지고 놀던 장난감입니다. 사용하지 않고 방치된 뚫어펑이 있었는데 그것을 가지고 책에 붙이기도 하고 바닥에 붙였다 떼기도 하면서 잘 놀았습니다.

둘째 승희가 4세 때 변기에 화장지를 몽땅 집어넣는 바람에 변기가 막혔던 적이 있습니다. 이때 1,000원 마트에서 1,500원짜리 뚫어펑을 샀습니다. 우성이는 예전 기억이 났는지 뚫어펑을 보고서 한참을 가지고 놀고 나서 승희와 함께 변기를 뚫었습니다.

뚫어펑이 아이들에게 재미있는 장난감이자 새로운 놀이 재료가 될 거라고는 미처 생각하지 못했습니다.

놀이가 주는 효과

흡착 패드를 유리에 붙일 때 패드 안쪽에 존재하는 공기가 빠지면서 기압이 대기압보다 낮아지게 됩니다. 이때 외부의 공기를 빨아들이려는 힘이 발생하면서 매끈한 부착 면에 붙습니다. 스포이드의 고무주머니를 누르면 액체가 빨려오는 것과 같다고 생각하면 쉽습니다.

보통 대기압보다 낮은 압력을 부압이라고 합니다. 압력이 낮으니 외부 공기를 빨아들이는 힘이 생기고 이 힘 때문에 빨판처럼 부착을 하게 됩니다.

이 놀이로 아이는 공기의 힘(기압)을 배울 수 있습니다. 공기도 힘이 존재하고 그 힘의 차이(압력의 차이)가 생기면 유리에 흡착 패드가 붙는 것을 알게 됩니다. 또한 욕실에서 배우는 자연스러운 과학 현상을 접하게 됩니다.

초록감성 우성 아빠의 이야기

아이들과 함께 오징어 볶음 요리를 할 때였습니다. 우성이는 오징어 빨판을 손질하면서 이렇게 말했습니다.

"아빠, 오징어 빨판이 욕실의 흡착 패드와 닮았어요. 오징어는 이렇게 빨판이 많아서 먹이를 잡으면 절대로 놓치지 않겠어요."

욕실에서 시작된 흡착 패드로 뚫어펑에서 오징어 빨판까지, 한 가지 현상을 관찰하면서 알게 된 사실이 확장되고 시간이 지나면서 아이의 지식은 점점 깊어지게 됩니다.

4장

숫자와 친해지는 수학 놀이

수를 표현하는 숫자 체조 • 달걀판 동전 숏 • 유아 매트로 도형 만들기 • 버리는 달력 수 놀이 • 7개 도형, 칠교판 놀이 • 수와 돈의 개념을 배우는 동전 놀이 • 무게를 버티는 종이

주변에서 수와 도형을 찾아보자

–

우리는 매일 수학과 함께 생활합니다. 아침에 일어나고 학교와 회사에 가는 시간의 숫자, 출근하는 버스와 지하철에서 보이는 모양과 도형, 엘리베이터를 탈 때 층수와 높이 등 수학과 관련된 많은 것을 만나고 있습니다.

과일을 먹으면서 수를 세고, 걸어가면서 발걸음 수를 세고, 달력을 보면서 오늘의 날짜를 알게 되는 것처럼 매일 만나는 수학을 아이들에게 자연스럽게 알려주고자 했습니다.

'수학 놀이' 편은 수학이 우리 일상에서 중요한 역할을 한다는 사실을 일깨우고 자연스럽게 수와 도형을 접하게 하는 놀이입니다. 단순한 숫자 체조부터 시작해, 일상에서 수와 도형을 찾아보는 '수학 놀이'를 시작합니다.

01

수를 표현하는 숫자 체조

수를 표현하는 숫자 체조, 어떤 놀이일까요?

뭐든지 처음 접하는 아이들에게는 숫자 익히기 또한 만만치 않은 과제입니다. 어느 날 아이들과 숫자에 대한 책을 읽다가 숫자를 쉽게 배울 수 있는 놀이에는 무엇이 있을지 생각했습니다.

아무런 도구 없이도 즐거운 놀이 시간을 만드는 '숫자 체조'가 떠올랐습니다. 몸으로 숫자를 표현하는 놀이인데 숫자를 익히면서 신체 활동까지 할 수 있습니다. 5세 딸이 아직 숫자를 정확히 알지 못할 때부터 이 놀이를 시작하여 아이들과 함께 신나는 '숫자 체조'를 즐기게 됐습니다.

우리 집은 이렇게 놀이를 해요

–

준비물 종이, 펜

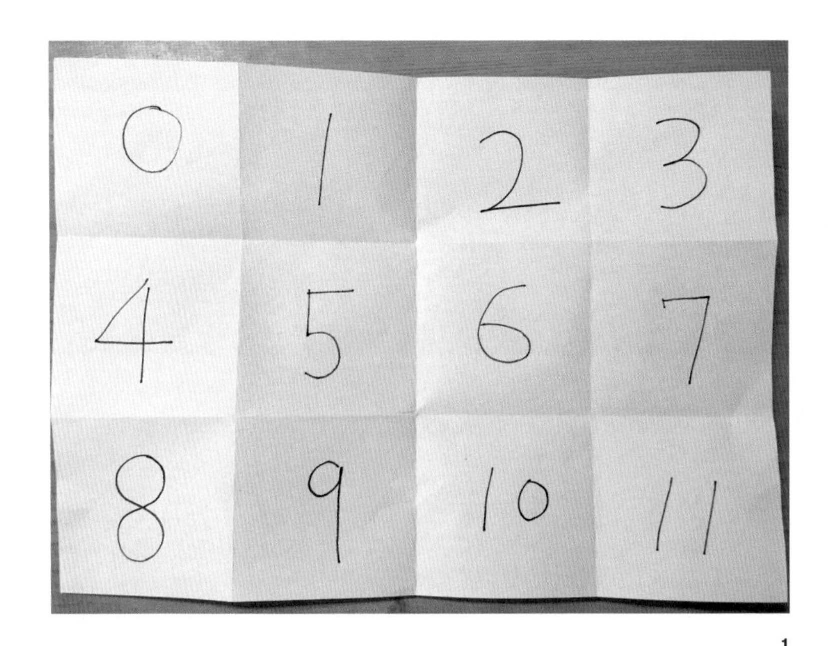

1

놀이 방법

1 **종이에 숫자를 쓰세요.** | 아이가 숫자를 쓸 수 있다면 아이에게 맡겨보세요. A4 용지 한 장에 큼지막하게 숫자 하나를 적거나 한 장에 0부터 10까지 모두 적어도 됩니다.

2

2 몸을 이용해서 아이와 숫자 모양을 만들어보세요. | 종이에 적어놓은 숫자를 보면서 아이에게 먼저 몸으로 만들어보게 합니다. 아이가 5세 이하라면 숫자에 익숙하지 않으니 엄마 아빠가 먼저 숫자를 만들어 보여주고 아이가 따라서 할 수 있도록 해주세요. 숫자를 표현할 때는 최대한 몸짓을 크게 하는 게 좋습니다.

3

3 순서대로 몸으로 숫자를 표현해요. | 처음에는 아이들이 숫자를 어떻게 표현해야 할지 어려워하기도 합니다. 이럴 때는 동물이나 사물을 떠올려 숫자와 비슷한 이미지를 생각하고 만들어보세요. 예를 들어 2는 오리, 3은 갈매기, 8은 눈사람 등을 떠올리도록 하면서 0부터 9까지 몸으로 숫자를 만들어보는 겁니다.
0부터 9까지 숫자를 만드는 데 익숙해졌다면 이번엔 부모와 아이가 함께 나란히 서서 두 자리 숫자를 만들어보세요. 특히 거울 앞에 서서 하면 몸으로 표현한 숫자 모양을 직접 볼 수 있어 좀 더 정확하고 재미있게 놀이를 할 수 있습니다.

함께 하면 더 좋은 놀이

-

한글 체조

한 글 놀 이

숫자 체조로 숫자를 배우고 한글 체조를 하면서 한글을 배울 수 있습니다. 한글을 모르더라도 종이에 한글을 적어보고 아이와 함께 몸으로 표현하는 놀이를 합니다. 한글 체조 외에 영어 알파벳 체조도 좋습니다. 아이들이 놀이를 통해서 배울 수 있는 시간을 함께 만들어주세요.

놀이가 주는 효과

몸으로 숫자를 만들어보면서 수 개념을 쉽고 자연스럽게 익힐 수 있습니다. 또한 숫자를 몸으로 만들면서 상상력과 창의력, 표현력을 키울 수 있어 아이의 인지 발달 능력이 향상됩니다. 물론 신체를 활용하는 놀이로 아이의 대근육 발달에도 좋지요.

이처럼 '숫자 체조'는 아이와 놀이도 하고 쉽게 숫자도 배우고 운동도 할 수 있는 1석 3조의 효과가 있습니다.

초록감성 우성 아빠의 이야기

아이들과 숫자 체조를 하고 나서 며칠 후 둘째 아이에게 책을 읽어주었을 때입니다. 그 전엔 숫자에 특별한 관심을 보이지 않던 아이가 숫자 체조하던 기억을 떠올린 듯 숫자를 읽어보고 몸으로 표현하면서 즐거워했습니다. 숫자를 몸으로 먼저 익힌 만큼 숫자의 개념을 더욱 쉽고 자연스럽게 받아들이게 되었지요.

수와 관련된 놀이를 꾸준히 하다 보니 아이가 엘리베이터의 숫자 버튼을 읽거나 누르기도 하고, 마트에서 카트에 동전을 넣을 때 얼마짜리 동전인지 물어보고, 제품 가격표를 보면서 숫자를 물어보는 등 적극적으로 수에 관심을 보이기 시작했습니다.

02

달걀판 동전 숲

달걀판 동전 숲, 어떤 놀이일까요?

마트에서 장을 볼 때 자주 사는 품목 가운데 한 가지가 달걀입니다. 달걀은 풍부한 단백질 공급원이자 요리하기 쉽고 아이들이 좋아하는 음식입니다. 예전에는 달걀을 담는 달걀판을 버리곤 했는데, 어느 날 이것을 놀이 재료로 활용하기로 하고 아이디어를 모았습니다. 그렇게 탄생한 놀이 가운데 하나인 '달걀판 동전 숲'입니다.

우리 집은 이렇게 놀이를 해요

–

준비물 30구짜리 달걀판, 사인펜, 동전

1

놀이 방법

1 **달걀판에 사인펜으로 1부터 10까지 적어주세요.** | 달걀 30개가 들어가는 30구 달걀판을 준비합니다. 달걀을 넣는 안쪽에 칸마다 숫자를 적어주세요. 셈을 할 때 편하게 1부터 10까지 적어줍니다.

2

2 동전을 던져 달걀판에 넣어주세요. ㅣ 어떤 동전을 사용해도 상관없지만 500원짜리 동전이 무게가 있어서 던지기 조금 편합니다. 달걀판과 일정한 거리를 두고 아이와 번갈아가면서 동전을 던집니다. 그리고 동전이 들어간 곳의 숫자를 종이에 적어서 셈을 합니다. 5번 정도 던지고 숫자를 더해서 승리를 판정합니다. 4세 이하라면 동전을 던져 넣기만 해도 잘하는 것이니 칭찬과 격려를 하면서 진행합니다.

3

3 미끄럼틀에서 동전을 굴려 달걀판에 슛 골인! | 동전 던지기를 마치면 미끄럼틀을 이용해보세요. 미끄럼틀 아랫부분에 달걀판을 놓고, 아이가 미끄럼틀 위에서 동전을 굴려 달걀판에 동전이 들어가게 합니다. 아이들은 던지기에 더해서 굴러가는 동전이 달걀판에 쏙 빨려 들어가는 것 또한 매우 재미있어합니다.

함께 하면 더 좋은 놀이

-

달걀판 구멍 뚫기

'달걀판 동전 숫' 놀이를 마치고 나면 가위바위보를 합니다. 이긴 사람이 동전을 달걀판 위에 던집니다. 동전이 들어간 곳의 숫자만큼 달걀판에 구멍을 뚫어주세요. 연필이나 막대를 이용해도 되고 손이나 발로 구멍을 내주세요.

달걀판은 종이로 만들어져서 아이들이 쉽게 구멍을 내거나 찢을 수 있습니다. 아이들은 달걀판에 구멍을 내면서 스트레스를 해소합니다.

놀이가 주는 효과

아이들은 달걀판에 적어놓은 숫자를 보면서 눈으로 익힐 수 있습니다. 동전을 달걀판에 던져 넣고 나온 수를 더하면서 셈을 배웁니다. 놀이를 위한 동전을 고르면서도 100원과 500원의 모양과 크기와 숫자에 대해 배웁니다.

동전을 달걀판에 적힌 큰 수에 던져 넣기 위해 아이들은 집중력을 발휘합니다. 그리고 이기기 위한 경쟁을 하고 승리를 통해 성취감을 얻습니다.

초록감성 우성 아빠의 이야기

저도 처음에는 달걀판을 놀이 재료로 이용할 생각을 하지 못했습니다. 그런데 한번 생각하고 관심을 가져보니 다양한 장난감으로 변신하게 되었습니다. 처음 아이들에게 달걀판으로 놀이를 만들어보자고 이야기했을 때는 아이들의 반응이 시큰둥했습니다.

하지만 달걀판에 동전을 던져 넣고 구멍을 뚫고 발로 밟는 등 여러 가지 놀이를 하면서 아이들은 달걀판 놀이에 관심을 갖기 시작했습니다. 다음번에 우리 집에 오는 달걀판이 어떤 장난감으로 변신할지 기대가 됩니다.

03

유아 매트로 도형 만들기

유아 매트로 도형 만들기, 어떤 놀이일까요?

아파트에서 아이를 키우는 집에는 유아용 매트가 필수입니다. 유아용 매트를 깔아놓으면 아이가 넘어지거나 뛸 때 안심이 됩니다. 블록을 이용해서 아이에게 삼각형과 사각형 등 도형을 알려주다가 거실에 깔린 유아용 매트를 한번 접어보았더니 뜻밖에 잘 접혔습니다. 그래서 아이에게 매트로 도형을 알려주면 되겠다고 생각하고 놀이를 시작했습니다.

우리 집은 이렇게 놀이를 해요

–

준비물 유아용 매트

1

놀이 방법

1 매트의 모양을 함께 외쳐보세요. | 매트가 펼쳐진 상태에서 매트의 모양을 아이와 함께 말해보세요. "여기 매트가 있어요. 어떤 모양일까요?"라고 물어보고 모양에 대해 이야기해봅니다.

2

2 세모를 만들어보세요. | 네모 모양에서 세모 모양으로 만들어보자고 아이에게 말합니다. "그럼 이제 세모를 만들어볼까요?"라고 말하고 아이가 매트를 접어서 세모를 만들 수 있게 도와줍니다.

5세 이상의 아이에게는 직사각형과 정사각형을 설명해주면 좋습니다. 사각형의 네 각이 모두 직각인 직사각형, 이 직사각형 중에 네 변의 길이가 같으면 정사각형이 됩니다. 정사각형의 방향을 돌려서 보면 마름모가 되는 것처럼 다양한 모양을 알려줍니다.

3

3 사각형 변의 길이를 발걸음으로 재보세요. | 정사각형을 설명해주기 위해 사각형의 네 변 길이를 발로 재어보았습니다. 아이가 걸으면서 발걸음 수를 세어봅니다. 사각형의 네 변을 걸으면서 발걸음 수가 비슷한지 아이와 함께 확인합니다.

함께 하면 더 좋은 놀이

–

매트 김밥 말기

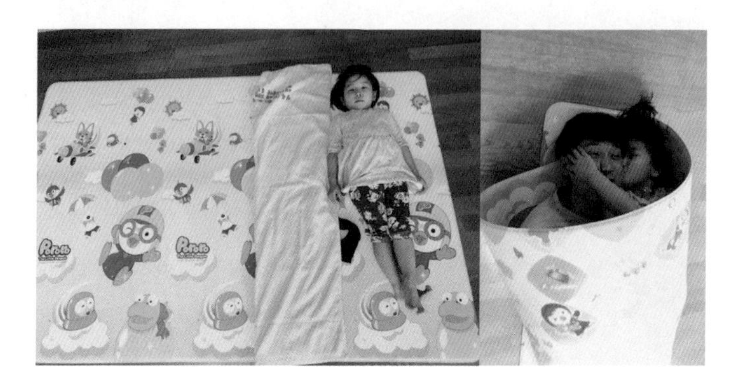

매트 위에 아이를 눕게 하고 김밥 재료를 물어보세요. 단무지와 달걀 등의 재료를 말하면 수건과 옷 등을 매트 위에 재료로 놓습니다. 그런 다음 둘둘 말아 매트 김밥을 만듭니다. 김밥 모양이 원기둥이라는 설명도 가볍게 해봅니다.

아이와 함께 매트 안에 들어가서 김밥을 말아보세요. 아이는 매트 안에서 엄마 아빠와 함께 김밥이 되는 순간 신이 나서 깔깔거리면서 웃습니다.

놀이가 주는 효과

수학에는 숫자만 있는 것이 아니지요. 도형, 무게, 길이 등 일상에서 쉽게 배울 수 있는 것이 많습니다. 유아용 매트를 충격 흡수용으로만 놔두기엔 조금 아깝습니다. 매트를 접어 세모, 네모, 직사각형,

정사각형 모양을 배우면서 아이는 도형과 길이에 대한 감각을 키웁니다.

5세 이하라면 매트 위에서 엄마 아빠와 신나게 논다고 생각하고 부담 없이 시작합니다. 5세 이상이라면 변의 길이를 재는 등 도형에 대한 정의를 조금 더 정확하게 알 수 있게 해줍니다. 단, 부모가 도형을 알려주는 것에 집착하면 안 됩니다. 무엇보다 아이가 즐겁게 놀고 있다고 느끼는 것이 중요하니, 혹시 아이가 거부한다면 일단 놀이에 집중하세요.

초록감성 우성 아빠의 이야기

우리 집에는 장난감이 무척 많습니다. 공장에서 만들어지는 장난감이 아닌 일상에서 얻어내는, 저와 아이들의 아이디어로 만들어지는 장난감 말이지요. 유아용 매트가 부모와 아이들의 놀이 재료가 되는 것처럼, 아이들은 집 안에 있는 재료를 장난감으로 만드는 신기한 능력을 키우고 있습니다.

04

버리는 달력 수 놀이

버리는 달력 수 놀이, 어떤 놀이일까요?

연말이 되면 달력을 선물로 받을 때가 있습니다. 2년 전에 탁상 달력을 선물로 받았는데 일본 달력이라서 쓰지 않을 것 같았습니다. 그래서 달력으로 아이들과 함께 만들기를 하기로 했습니다. 회사 동료가 일본 달력이라 사용하기 불편하다면서 버리겠다는 것을 제가 모아서 집으로 가지고 왔습니다. 버리는 달력으로 수를 배우는 놀이와 만들기를 하면서 아이들과 즐거운 시간을 보냈습니다.

우리 집은 이렇게 놀이를 해요

–

준비물 사용하지 않는 달력, 색연필, 가위

1

놀이 방법

1 **달력을 준비하세요.** | 탁상 달력이든 벽걸이 달력이든 상관없습니다. 숫자가 크면 더욱 좋습니다.

2

2 달력의 연/월/일을 알려주세요. | 달력에는 30일, 12월, 1년이 담겨 있어요. 달력을 이용하면 아이에게 숫자, 날짜, 월을 자세히 설명하기 좋습니다. 달력으로 아이와 함께 숫자 읽기를 해보세요. 1부터 30까지 천천히 읽으면서 가르쳐줍니다. 엄마나 아빠가 숫자를 말하면 아이가 달력에서 그 숫자를 찾거나 엄마 아빠가 숫자를 손으로 가리키면 아이가 숫자를 맞히는 놀이를 합니다. 숫자를 알려주려고 일부러 숫자 카드를 살 필요가 없습니다.

3

3 달력 뒷면에 숫자를 써보세요. | 달력 뒷면에 아이와 함께 숫자를 써봅니다. 버리는 달력을 이용해서 아이와 숫자 놀이를 하면 쉽게 숫자와 친해집니다. 달력에 마음껏 낙서를 하는 것도 좋습니다.

함께 하면 더 좋은 놀이

-

달력 부채 만들기

달력을 접어서 부채를 만들어보았습니다. 달력 종이를 주름치마처럼 접어주면 됩니다. 다 만든 부채를 가지고 서로 부쳐줍니다. 여름에는 시원한 바람을, 겨울이면 차가운 바람을 느껴보세요. 그리고 그 느낌을 아이에게 표현해주세요.

놀이가 주는 효과

아이에게 숫자를 알려주기 위해 숫자 카드와 숫자 맞추기 놀이 세트를 구입하는 것도 좋지만, 달력을 이용해서 다양한 수를 알려줄 수 있습니다. 아이는 수와 연/월/일, 일주일의 개념을 달력을 통해서 배웁니다.

또한 색종이로 종이접기를 하는 것뿐만 아니라 이렇게 다양한 두께와 재질의 종이를 이용해서 접기를 하면, 신체의 협응력과 소근육 발달, 나아가 아이의 상상력이 발달한답니다.

초록감성 우성 아빠의 이야기

거실에 걸린 벽걸이 달력은 한 달이 지나면 찢어버립니다. 저는 버리기 전에 아이들과 만들기를 하거나 달력 뒷면에 그림을 그리거나 낙서를 합니다. 커다란 비행기를 접어서 공중에 날려보기도 합니다.

05

7개 도형, 칠교판 놀이

7개 도형, 칠교판 놀이, 어떤 놀이일까요?

7개의 도형을 이용해서 다양한 모양을 만드는 칠교판이라는 퍼즐이 있습니다. 정사각형 안에 삼각형 5개, 사각형 2개로 모두 7개의 도형으로 이뤄져 있어 칠교판이라고 부르지요. 칠교판을 활용하면 아이들에게 도형의 기본과 응용할 수 있는 여러 모양에 대해 알려줄 수 있습니다.

칠교판으로 다양한 도형, 사물, 동물, 식물 등을 만들면서 아이와 함께 놀이를 할 수 있습니다. 또한 종이 한 장으로도 충분히 칠교판을 만들어서 놀 수 있습니다. 삼각형과 사각형의 재미있는 변신 '칠교판 놀이'를 함께 해보겠습니다.

우리 집은 이렇게 놀이를 해요

–

준비물 A4용지(칠교판 도안), 가위, 색연필

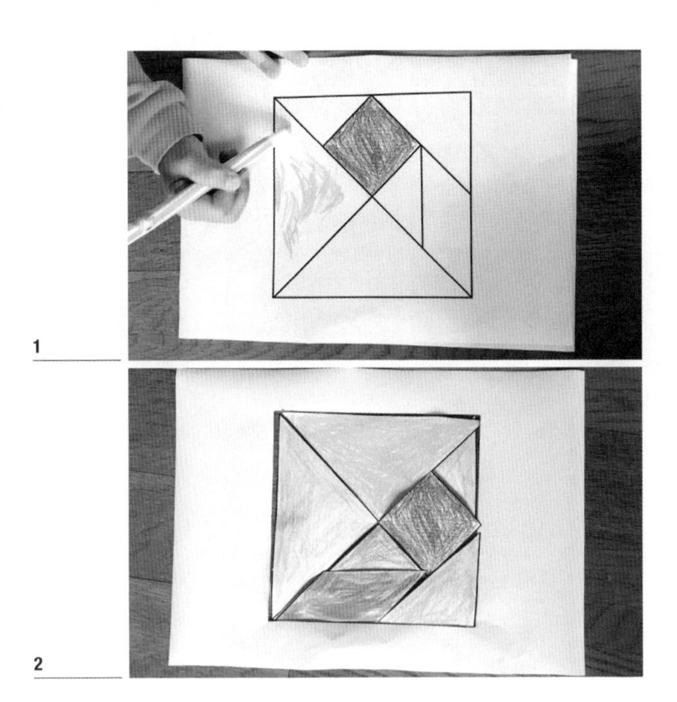

1

2

놀이 방법

1 **칠교판 도안을 만들어주세요.** | 종이에 칠교판 도안을 인쇄합니다. 그리고 색연필을 이용해서 칠교판에 각기 다른 색을 칠해줍니다.

2 **칠교판의 모양을 아이에게 설명해주세요.** | 칠교판에 색칠을 마치고 도형 모양을 따라서 가위로 잘라줍니다. 이때 아이에게 삼각형(세모), 사각형(네모), 평행사변형 등 모양에 대해서 알려줍니다.

3

3 동물과 사물의 모양을 만들어보세요 | 7개의 도형으로 다양한 사물이나 동물을 만들 수 있습니다. 우선 칠교판 도안을 보고 만들어봅니다. 저는 아이와 함께 집, 배, 다이아몬드 같은 사물과 강아지와 토끼, 물고기 등 동물을 만들어봤습니다. 칠교판 도안을 보고 만들었다면, 이제는 도안 없이 상상해서 만들어보세요. 동물, 자동차, 공주, 집과 사물의 모양을 상상해서 도전해봅니다. 생각보다 아이들은 상상력이 풍부하고 다양한 모양을 만들어낸다는 사실을 알게 될 것입니다.

함께 하면 더 좋은 놀이

–

나무 칠교판 놀이

문구점이나 완구점에 가면 나무로 만든 칠교판이 있습니다. 종이 칠교판은 만드는 과정부터 아이들이 참여할 수 있어 좋지만, 종이라서 한두 번 사용하면 쉽게 구겨집니다. 그래서 나무 칠교판을 구입해서 아이가 자주 가지고 놀 수 있게 해주면 좋습니다. 기성품을 구입하면 다양한 칠교판 도안이 들어 있어 아이와 함께 여러 가지 모양을 만들어보기 쉽습니다.

놀이가 주는 효과

칠교판은 7개 조각으로 이루어진 중국의 오래된 퍼즐로 지혜를 배운다고 해서 '지혜의 판'이라고 한답니다. 칠교판은 수학의 도형 영역에서 가장 기본이 되는 평면도형과 도형의 모양, 넓이, 합동과 대칭 등 기하학을 이해하는 데 도움을 줍니다.

퍼즐을 맞추는 과정에서 자연스럽게 조작과 탐구 활동이 이루어지고 도형을 조합하는 구성력과 논리적인 사고력이 발달합니다. 아이는 부모와 함께 삼각형과 사각형 조각들로 수많은 모양을 만들어가면서 분할과 통합을 배웁니다. 이 과정에서 아이의 관찰, 비교, 추리 능력이 향상되어 수학적 창의력과 공간지각력을 키웁니다.

초록감성 우성 아빠의 이야기

저는 주변의 사물을 이용해서 아이에게 도형을 설명해주곤 합니다. 당근을 잘라서 원과 타원을 설명해주는 것처럼 여러 가지 식재료로 도형에 대해 설명해주었습니다. 7개의 단순한 도형이 수많은 모양으로 변신하는 매력적인 칠교판 놀이는 아이뿐만 아니라 제게도 생각하는 힘을 길러주었습니다.

06

수와 돈의 개념을 배우는 동전 놀이

수와 돈의 개념을 배우는 동전 놀이, 어떤 놀이일까요?

대부분의 가정에는 동전을 모으는 저금통이 있습니다. 저금통에 들어 있는 동전을 활용해서 아이들이 숫자와 친해지고 수를 익힐 수 있습니다.

아이들이 동전을 모아놓은 돼지 저금통에는 여러 종류의 동전이 있습니다. 우성이는 3세 때부터 동전에 관심을 보이면서 꾸준히 동전을 가지고 놀았습니다. 아이가 동전을 가지고 놀 때 저는 수와 돈의 개념을 조금씩 알려주면서 함께 놀이를 했습니다.

우리 집은 이렇게 놀이를 해요

–

준비물 동전을 모아놓은 돼지 저금통

1

놀이 방법

1 **동전을 모아놓은 돼지 저금통을 열어주세요.** | 저는 동전이 생기면 아이를 불러서 주고 저금을 하게 했습니다. 아이를 키우는 집에는 돼지 저금통이 하나씩은 있을 것입니다. 돼지 저금통을 열어주세요.

2

2 동전을 종류별로 분류하세요. | 금액별로 동전의 크기가 다르니 이것에 대해 알려줍니다. 10원, 50원, 100원, 500원 동전을 따로 분류해서 모읍니다.

3

3 동전의 금액과 모양, 크기를 알려주세요. | 동전을 금액별로 분류해놓고 동전에 쓰인 숫자와 금액을 알려줍니다. 외국 동전이 있다면 나라별로 동전을 분류해도 좋습니다. 이때 아이가 수 개념을 알고 있다면 더하기와 빼기를 함께 배울 수도 있습니다.

3세 이하라면 동전을 가지고 노는 것은 별로 추천하지 않습니다. 동전이 작다 보니 아이가 입에 넣고 삼킬 수 있어 안전에 유의해야 합니다. 그리고 동전 놀이 후에는 반드시 손을 깨끗이 씻어주세요.

함께 하면 더 좋은 놀이

-

동전 응용 놀이

동전을 무작정 1부터 세어보는 것도 괜찮습니다. 아이와 함께 번갈아가면서 숫자 세기를 해보세요. 가위바위보를 하면서 이긴 사람이 동전을 하나씩 가져가는 놀이도 좋습니다.

동전으로 5개, 10개씩 탑을 쌓아보고 누가 더 높이 쌓는지 시합을 합니다. 동전 탑을 여러 개 만들었다면 탑의 개수를 세어봅니다.

10원, 50원, 100원, 500원 동전을 4개의 종이컵에 각각 집어넣는 놀이도 추천합니다.

놀이가 주는 효과

동전 놀이를 통해서 아이는 수와 돈의 개념을 자연스럽게 익힙니다. 동전을 종류별로 나누어보면서 분류의 개념을 익히게 됩니다. 100원짜리 동전 여러 개를 놓고 더하기 빼기를 배울 수도 있습니다. 또한 작은 동전을 집는 것은 소근육 발달에 도움이 됩니다.

초록감성 우성 아빠의 이야기

저는 동전이 생기면 아이들에게 주면서 "이것은 얼마일까요?"라고 물어봅니다. 수에 대해서 아직 잘 모르는 아이라면 바로 알 수 없지만 부모가 꾸준히 수와 돈에 대해 알려준다면 아이는 숫자에 일찍 관심을 가집니다. 아이들과 동전으로 놀이를 하고, 동전에 그려진 역사적 인물과 사건에 대해 이야기를 나누기도 합니다. 그리고 동전이 어떤 재료로 만들어졌는지 함께 찾아보면서 대화를 이어갑니다.

07

무게를 버티는 종이

무게를 버티는 종이, 어떤 놀이일까요?

어느 날 우성이가 아치형 다리가 왜 튼튼한지 물어보았습니다. 먼저 같은 힘으로 손가락으로 누를 때와 손바닥으로 누를 때 전달되는 힘의 세기가 다른 것을 보여주었습니다. 그리고 모양에 따라서 힘이 전달되는 형태가 다른 것을 알려주기 위해 종이로 삼각형, 사각형, 원통형 모양을 만들어보기로 했습니다.

우리 집은 이렇게 놀이를 해요

–

준비물 A4 용지, 테이프, 책

1

놀이 방법

1 **종이로 삼각기둥, 사각기둥, 원기둥 모양을 만들어주세요.** | A4 용지를 기다랗게 절반을 접은 후 삼각기둥과 사각기둥 모양으로 만들어주세요. 원기둥 모양은 원통에 종이를 말아서 만들면 쉽습니다. 끝부분은 테이프로 붙여주세요.

2

2 세 가지 모양 위에 가벼운 책을 올려주세요. | 삼각기둥, 사각기둥, 원기둥을 놓고 순서대로 가벼운 책을 한 권씩 차근차근 쌓아 올려보세요. 종이 기둥이 무너질 때까지 올려주면 됩니다. 원기둥이 무게를 가장 잘 견딥니다. 원기둥이 책이 누르는 무게를 가장 잘 분산하기 때문입니다.

3

3 A4 용지를 주름 접어서 골판지 형태로 만들어주세요. | 종이를 주름 접어서 골판지 형태로 만든 다음 따로 종이로 원기둥 2개를 만듭니다. 골판지 형태로 접은 종이를 2개의 원기둥 위에 얹어놓습니다. 그리고 무게가 다른 여러 물건을 올려봅니다. 골판지로 접으면 골이 지지대 역할을 하여 힘이 분산됩니다. 그래서 종이가 받는 압력이 낮아져 비교적 무거운 무게도 버틸 수 있지요.

함께 하면 더 좋은 놀이

–

물건 무게 재기

종이 형태에 따라서 무거운 물건이라도 잘 버틸 수 있다는 사실을 배웠습니다. 이제는 집에 있는 저울을 이용해서 물건의 무게를 재어봅니다. 어떤 물건이라도 상관없습니다. 저희는 음식 저울을 사용했습니다. 무게를 재면서 저울의 눈금 읽는 방법을 알려줍니다.

놀이가 주는 효과

무게의 개념에 대해서 알 수 있는 놀이입니다. 약한 종이일지라도 모양에 따라서 무거운 물건도 견딜 수 있다는 것을 배웁니다.

골판지 형태로 만들면 좀 더 무거운 물건도 버틸 힘이 생긴다는 사실과 힘의 분산 개념을 습득하게 됩니다.

그리고 물건의 무게를 재면서 무게 단위를 배웁니다. 밀리그램(mg), 그램(g), 킬로그램(kg)의 단위를 아이에게 설명해줍니다. 수학적 이해가 가능한 나이라면 무게 단위에 따른 변환에 대해서도 퀴즈 형태로 문제를 내볼 수 있습니다.

집에서 쉽게 구할 수 있는 종이로 아이는 과학적 지식에 한 걸음 다가서게 됩니다.

초록감성 우성 아빠의 이야기

더운 여름 어느 날, 첫째 우성이가 다가와서 "아빠, 더운데 부채를 만들어볼까요?"라고 말했습니다. 부채를 어떻게 만들 것인지 물어보니, A4 용지를 이용해서 골판지 형태로 만들겠다고 했습니다. 아이는 다 만든 부채로 부채질을 해주면서, 골판지로 만든 부채가 일반 종이보다 바람을 더 세게 만들어낼 수 있다고 설명했습니다. 이전에 골판지를 만들어 간단한 실험을 했던 기억을 떠올리면서 말이지요. 간단한 실험이지만 아이는 기억하고 있다가 어느 순간 응용하기도 한답니다.

5장

관찰하고 집중하라!
관찰 놀이

동물 움직임 따라 하기 • 나무젓가락 글자 놀이 • 나무젓가락 입술에서 오래 버티기 • 비누거품 놀이 • 비닐봉지 공중 부양 • 새싹 키우기 • 달걀판 패턴 만들기 • 숟가락 뒤집어 넣기 • 종이컵 거미손 놀이

관찰하자, 그러면 놀이가 달라진다

–

아이들은 지나가는 개미만 보아도 그 자리에서 한참을 관찰합니다. 처음에 저는 개미 한 마리가 무슨 재미를 주는지 도대체 알 수가 없었습니다. 하지만 어른도 좋아하는 것을 할 때면 시간 가는 줄 모르고 집중합니다. 그렇듯 아이에게는 개미를 보는 것이 남다른 의미이자 흥미로운 시간이 되는 것입니다.

아이와의 놀이 역시 비슷합니다. 엄마 아빠에게 재미없는 놀이라도 아이에게는 즐거운 놀이가 되는 경우가 많습니다. 아이는 한 가지 놀이를 관찰하고 상상하면서 색다른 놀이를 계속 만들어냅니다. 부모가 먼저 호기심을 보이고 관찰하고 아이가 함께 참여하는 환경을 만든다면 아이와의 놀이가 달라집니다.

'관찰 놀이' 편은 부모와 아이가 사물이나 동물을 관찰한 내용을 기반으로 만들어지는 놀이입니다. 또한 놀이를 하면서 관찰한 새로운 사실을 함께 배웁니다. 관찰하고 또 관찰하면 놀이가 즐거워지는 '관찰 놀이'를 시작합니다.

01

동물 움직임 따라 하기

동물 움직임 따라 하기, 어떤 놀이일까요?

아이들은 대부분 동물을 좋아하고 관심을 가집니다. 그래서 어린이 프로그램은 주로 동물을 의인화해서 만들고, 동물이 등장하는 만화와 영화가 매우 많습니다. 동물을 좋아하는 아이들을 위해서 몸으로 동물의 움직임을 표현하는 놀이를 하면서 표현력을 키워줄 수 있습니다.

우리 집은 이렇게 놀이를 해요

–

준비물 준비물은 없어요. 필요하면 주변의 사물을 이용합니다.

1

놀이 방법

1 **다양한 동물의 이름을 머릿속에 떠올려보세요.** | 동물 이름을 한 가지씩 말하고 동물의 움직임을 따라 하는 놀이를 하자고 합니다. 엄마 아빠가 먼저 동물 이름을 말하고 그것의 움직임을 보여줍니다.

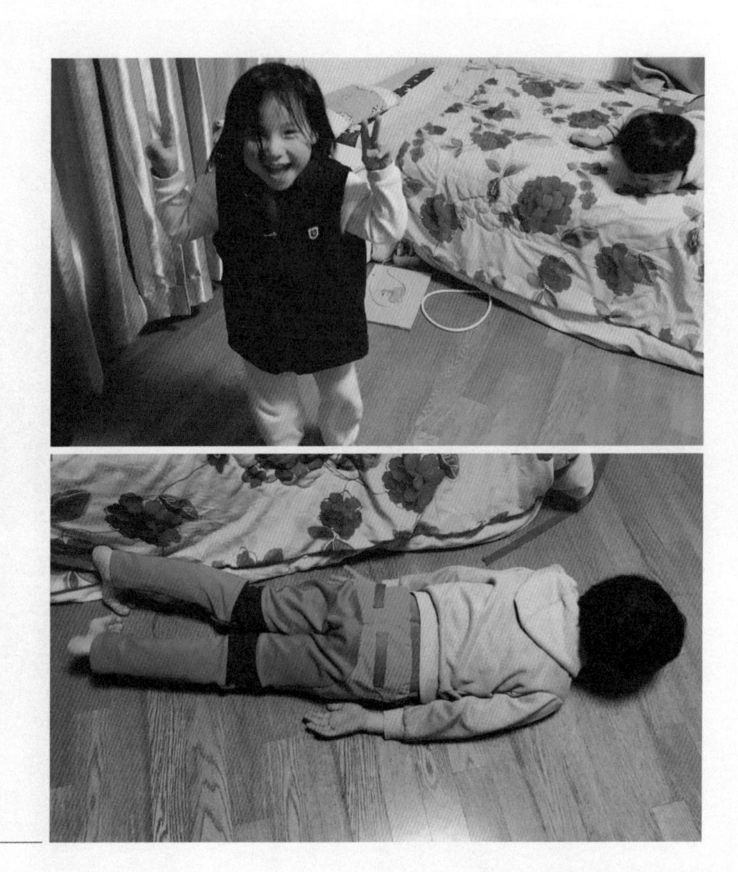

2

2 아이가 동물의 움직임을 표현하게 해주세요. | 제가 먼저 시범을 보여주고 난 후 동물의 이름을 대면서 아이가 동물의 움직임을 표현하게 했습니다. 아이는 동물의 한 가지 특징을 표현합니다. 저희 아이 둘은 동물의 움직임을 서로 번갈아가면서 몸으로 표현했습니다.

아이들은 맨몸으로 하는 이 놀이에 흠뻑 빠져 깔깔거리면서 재미있어했어요. 새우, 꽃게, 다리 없는 도마뱀, 달팽이, 원숭이, 사마귀, 타조, 단봉낙타, 사슴벌레 등을 표현하면서 웃음이 떠나지 않았습니다.

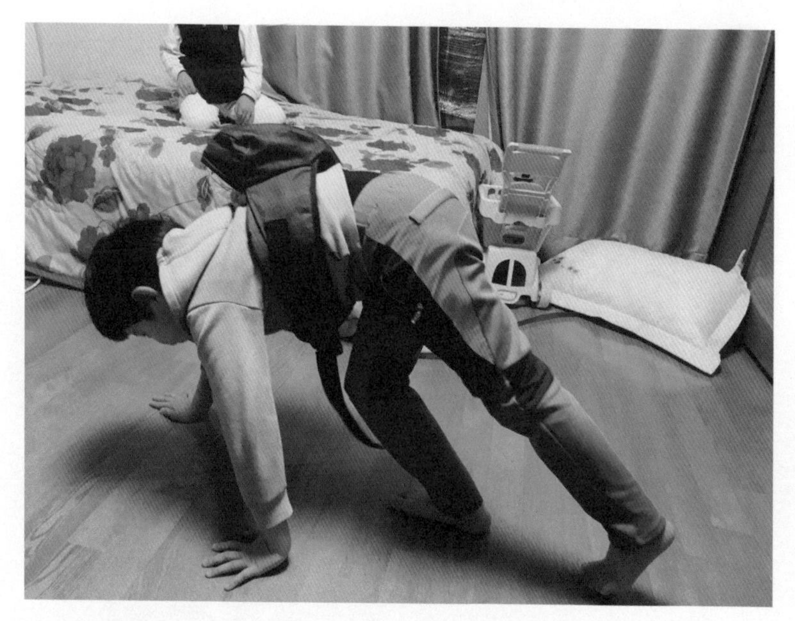

3

3 사물을 이용해서 섬세한 움직임을 살려주세요. | 맨몸으로 동물의 움직임을 표현해도 충분하지만 주변의 사물을 이용해서 동물의 움직임을 자세하게 표현하면 더 좋습니다. 빨래 바구니를 등에 지면서 달팽이와 거북이를 표현하고 가방으로 단봉낙타를 표현했습니다.

함께 하면 더 좋은 놀이

-

정교한 동물 표현 배우기

몸으로 동물의 움직임을 표현하다 보면 정확하지 않은 경우가 있습니다. 우성이는 빨래 바구니를 이용하여 달팽이를 표현했는데 저는 그 모습을 보고 거북이를 먼저 떠올렸어요. 그런데 우성이는 다리가 없는 달팽이가 미끄러져서 나가는 동작을 표현했습니다. 거북이는 다리로 움직이고 달팽이는 다리가 없이 움직이는 모습을 정확하게 표현했는데 저는 알아차리지 못했습니다.

5세 이하인 경우 헷갈릴 수 있으니 엄마 아빠가 동물 동영상을 짧게 보여주고 설명해준다면 아이들이 동물의 움직임을 정확히 표현할 수 있습니다.

놀이가 주는 효과

이 놀이를 통해 아이들은 동물이 어떻게 움직이는지 떠올리고 그 움직임을 몸으로 표현하면서 관찰력과 표현력이 향상됩니다. 몸을 많이 움직이는 놀이를 하면 아이의 뇌로 가는 혈류량이 증가하고 산소 공급이 원활해지면서 주의 집중 효과를 보입니다. 또한 자유롭고 격렬하게 움직이는 짧은 놀이로 에너지를 마음껏 발산하면서 밝고 웃음이 많은 아이로 성장합니다.

초록감성 우성 아빠의 이야기

우성이가 공룡을 좋아하면서부터 저는 집에서 수없이 공룡으로 변신하며 아이들과 놀았습니다. 둘째가 태어나고 나서 승희를 등에 태우고 우성이와 함께 공룡 놀이를 했습니다. 공룡뿐만 아니라 여러 동물의 흉내를 내면서 놀았습니다. 퇴근하고 집에 오면 현관에서부터 아이들은 동물로 변신하고 저 역시 동물 흉내를 내면서 반응합니다.

02

나무젓가락 글자 놀이

나무젓가락 글자 놀이, 어떤 놀이일까요?

나무젓가락은 주변에서 쉽게 구할 수 있는 놀이 재료 중 하나입니다. 아이가 문자에 관심을 가지게 되는 5~6세 때 한글과 숫자를 배우기 위한 좋은 도구가 됩니다. 나무젓가락은 길이 조절이 자유롭기 때문에 한글의 자음, 모음과 숫자를 원하는 대로 만들 수 있습니다.

우리 집은 이렇게 놀이를 해요

–

준비물 나무젓가락

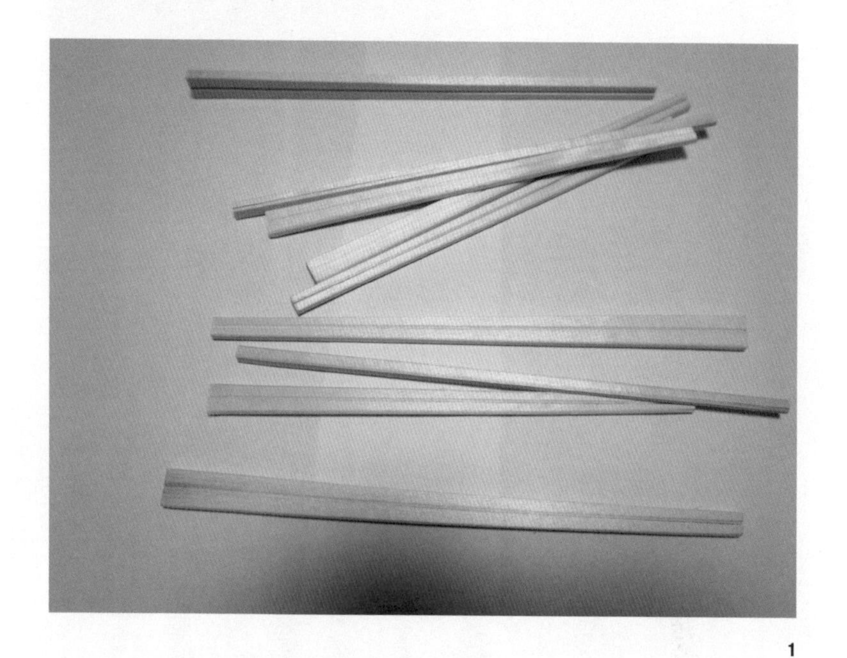

1

놀이 방법

1 **나무젓가락을 준비해주세요.** | 컵라면을 살 때 딸려 오는 나무젓가락을 이용하면 됩니다. 나무젓가락이 없을 때는 면봉, 이쑤시개 또는 빨대를 이용해도 괜찮습니다.

2

2 글자를 만들어보세요. | 한글을 처음 시작하는 아이라면 자음과 모음을 알려주는 것부터 시작해보세요. 한글을 조금 알고 있다면, 가나다와 숫자 그리고 아이가 만들고 싶은 글자를 만들게 해줍니다. 나무젓가락은 잘 부러지니 글자에 따라서 길이를 맞춰서 잘라줍니다.

3

3 아이와 서로 바꿔가면서 글자를 만들어주세요. | 아이가 글자를 만들었으면 다음번에는 아이가 글자를 불러주고 엄마 아빠가 글자를 만듭니다. 아이도 문제를 내면서 부모도 자신과 함께 놀이에 참여하고 있다고 느끼게 됩니다. 아이의 이름과 엄마 아빠의 이름을 함께 만들어보세요.

함께 하면 더 좋은 놀이

-

나무 블록 글자 만들기

우성이가 7세 때, 고향 집에 갔을 때 일입니다. 우성이 할머니가 중고 나무 블록을 한 상자 구해놓았기에 우성이와 나무 블록으로 쌓기와 만들기를 했습니다. 당시 한자에 한창 관심이 많던 아이와 나무 블록으로 한자를 만들어보기로 했어요. 꼭 나무 블록이 아니어도 집에 있는 블록을 이용해서 글자 만들기 놀이를 해보세요.

놀이가 주는 효과

아이가 한글 자음과 모음을 재미있게 배울 수 있습니다. 종종 한글을 빨리 배우게 하려고 다양한 학습지나 낱말 카드를 가지고 아이에게 알려주는 경우가 있습니다. 하지만 놀이로 접근하면 아이들은 더 큰 관심을 보입니다.

아이와 함께 나무젓가락이나 블록으로 한글, 영어, 한자 또는 숫자를 만드는 것 모두 좋습니다. 단지 딱딱하기만 한 공부보다는 아이가 관심을 보일 수 있는 재미있는 놀이로 글자를 습득한다면 교육 효과도 무척 뛰어납니다.

초록감성 우성 아빠의 이야기

나무젓가락과 나무 블록으로 글자 만들기를 하다 보니 아이들은 비슷한 재료를 보면 글자를 만들어서 제게 보여주고 자랑하기도 합니다. 연필을 가지고도 글자를 만들고, 젓가락으로 한글 모음을 만들기도 하며, 길에서도 나뭇가지를 집어 글자를 만듭니다.

03

나무젓가락 입술에서 오래 버티기

나무젓가락 입술에서 오래 버티기, 어떤 놀이일까요?

마트에서 컵라면 세트를 사면 나무젓가락이 함께 딸려 옵니다. 평소 나무젓가락을 잘 사용하지 않아서 주방 서랍장에 쌓여 있던 나무젓가락들을 처분하려다가 아이에게 "나무젓가락으로 무슨 놀이를 할까요?"라고 물어보았습니다. 바로 놀이가 떠오르지 않았지만 일단 나무젓가락을 꺼내 종이를 벗기고 바닥에 놓았습니다. "입술 위에 얹어놓고 오래 버티기를 해볼까요?"라고 둘째 승희에게 말하고 놀이를 시작했습니다.

우리 집은 이렇게 놀이를 해요

–

준비물 나무젓가락

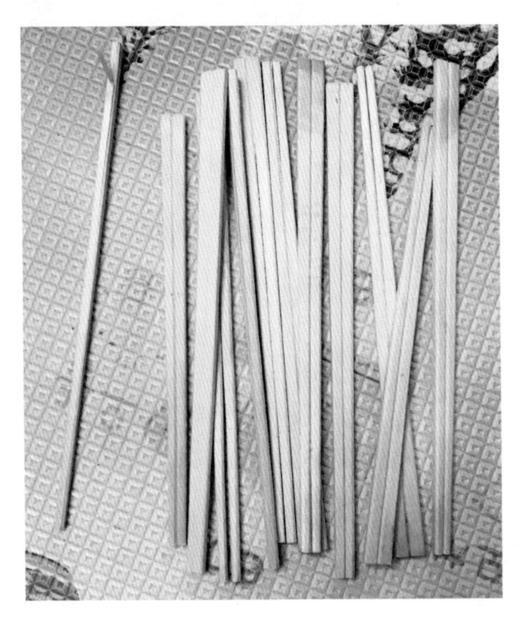

1

놀이 방법

1 **나무젓가락을 준비해주세요.** | 나무젓가락의 종이를 벗겨서 준비하세요.

2

3

2 입술 위에 나무젓가락을 얹고 누가 오래 버티는지 시합을 해보세요. | 먼저 입술 위에 나무젓가락을 얹어놓고 떨어지지 않게 무게중심을 잡는 모습을 보여주세요. 그리고 아이에게 같은 방법으로 하게 해주세요. 아이는 어른처럼 입술에서 나무젓가락의 무게중심 잡는 것을 잘하지 못하기 때문에 방법을 잘 알려줘야 합니다. 누가 입술 위에 올려놓은 나무젓가락을 떨어뜨리지 않고 오래 버티는지 시합합니다. 당연히 아이가 지겠지만 엄마 아빠도 버티기 어려운 것처럼 흉내 내고 몇 번 져줍니다.

3 입술 위의 나무젓가락을 옮겨주세요. | 나무젓가락을 입술 위에 얹어서 다른 자리로 옮기는 놀이를 합니다. 아이가 나무젓가락을 떨어뜨리지 않고 옮기는 모습과 표정을 보면 엄마 아빠는 한바탕 웃게 됩니다.

함께 하면 더 좋은 놀이

–

나무젓가락과 은박 접시로 방패 만들기

먼저 은박 접시 중앙에 분리하지 않은 나무젓가락을 끼워줍니다. 다른 나무젓가락으로 은박 접시를 뚫어 중앙의 나무젓가락 사이에 끼웁니다. 그럼 쉽게 은박 접시와 나무젓가락으로 방패가 만들어집니다. 이제 한 손에는 방패를, 다른 손에는 젓가락을 들고 아이와 칼싸움을 해보세요.

놀이가 주는 효과

나무젓가락을 입술 위에서 떨어뜨리지 않으려면 나무젓가락의 무게중심을 잘 잡아야 합니다. 이때 아이에게 무게중심에 대해 설명합니다. 먼저 나무젓가락을 손가락 위에 놓고 균형을 맞추는 방법을 알려줍니다. 아이는 무게중심이라는 개념을 놀이를 통해서 인지하게 됩니다.

아이는 입술 위의 나무젓가락을 다른 장소로 옮기면서 균형 감각을 배웁니다. 무게중심을 잘 잡으려고 집중하게 됩니다. 이렇게 아이는 스스로 어떻게 해야 할지 판단하고 방법을 배워나갑니다.

초록감성 우성 아빠의 이야기

승희는 나무젓가락으로 탑을 쌓고, 종이를 자른 후 나무젓가락으로 집는 놀이도 합니다. 나무젓가락으로 할 수 있는 놀이는 무궁무진합니다. 때론 나무젓가락으로 투호를 할 수 있고 깡통 드럼을 칠 수도 있습니다.

04

비누거품 놀이

비누거품 놀이, 어떤 놀이일까요?

딸아이의 목욕을 시켜주는 저녁이었습니다. 아이가 비누거품을 만들어 턱에 붙이면서 산타클로스 수염이라고 말하는 것이었습니다. 그 모습이 어찌나 귀엽던지 저도 얼굴에 비누거품을 묻혀서 같이 놀았습니다. 아이들은 대체로 비누거품을 가지고 노는 것을 좋아해서 목욕할 때 비누거품 놀이를 종종 하곤 합니다.

우리 집은 이렇게 놀이를 해요

–

준비물 아이용 비누

1

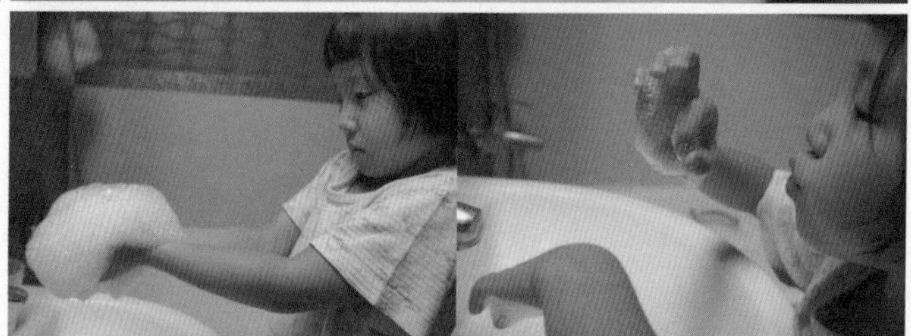

2

놀이 방법

1 **세면대에 물을 담아 거품을 만들어주세요.** | 세면대에 물을 담고, 아이용 액상 비누를 넣어 저어주면 비누거품이 만들어집니다.

2 **비누거품을 손에 묻혀서 놀아주세요.** | 만들어진 비누거품으로 솜사탕을 만들고 비눗방울도 만들어봅니다. 산타클로스처럼 턱수염도 만들어보세요.

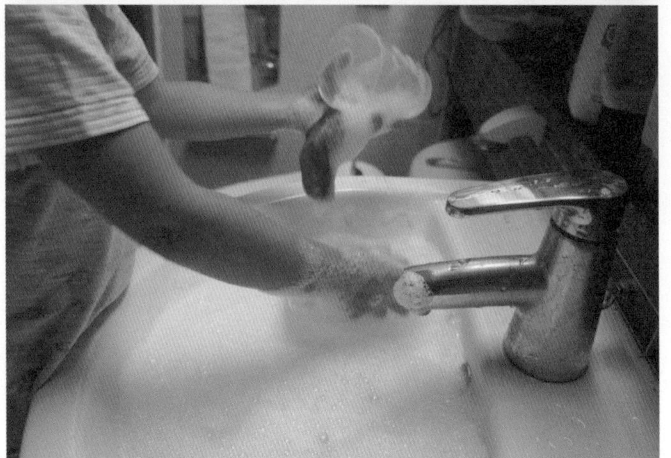

3

3 비누거품 속에 물건을 넣어 만져보고 맞혀보세요. | 비누거품 속에 작은 물건을 넣어서 꺼내지 않고 아이가 촉감으로 물건이 무엇인지 맞혀봅니다. 눈에 보이지 않는 물건을 보지 않고 맞히는 촉감 놀이가 됩니다.

함께 하면 더 좋은 놀이

–

퐁퐁~ 비눗방울 놀이

주말에 점심을 먹고 설거지를 마쳤을 때 사용하던 세제가 바닥났습니다. 다 쓴 세제 통을 버리려는 순간 아이들과 눈이 마주쳤습니다. 그때 세제 통에 남은 세제를 이용해서 비눗방울을 만드는 아이디어가 떠올랐습니다.

"우성아, 세제 통으로 비눗방울을 어떻게 만들 수 있을까요?"라고 물어보니 아이는 "세제가 남아 있어요? 그럼 물을 조금 담아봐요"라면서 놀이를 주도했습니다. 세제 통 입구의 작은 구멍을 통해서 만들어지는 비눗방울은 아이들의 호기심을 사기에 좋았습니다. 세제 통이 없다면 페트병의 뚜껑에 작은 구멍을 만들면 비눗방울을 만들 수 있습니다.

놀이가 주는 효과

비누거품과 비눗방울은 아이에게 신기한 경험을 하게 해주는 매력적인 놀이 아이템입니다. 일반적으로 시중에서 파는 비눗방울 장난감을 많이 이용하는데, 놀이를 통해 집에서도 비눗방울을 만들 수 있다는 것을 알게 됩니다. 비눗방울을 만들기 위해 도구를 사용하는 방법과 함께 입으로 바람을 불어 비눗방울을 만들면서 입바람의 세기를 조절하는 방법을 터득하게 됩니다.

비눗방울 표면에 빛이 반사되어 알록달록 다양한 색을 띠게 됩니다. 쉽게 만날 수 없는 비눗방울의 신비한 모습과 비누거품의 부드러운 감촉에 아이들은 즐거움을 얻고 정서적으로 안정감을 가지게 됩니다.

초록감성 우성 아빠의 이야기

집에서 세제로 만드는 비눗물은 시중에서 파는 비눗물보다 비눗방울이 잘 만들어지지 않습니다. 아이들은 버블건을 이용하면 쉽게 만들어지는 비눗방울이 왜 집에서는 잘 만들어지지 않는지 그 이유에 대해 궁금해합니다. 버블건의 비눗물에는 끈기가 있는 글리세린이라는 약품이 많이 들어 있어서 비눗방울이 더 잘 만들어지는 것이지요. 이때 "글리세린은 비눗방울이 서로 손을 꼭 잡게 되어 떨어지지 않는 역할을 해요. 거미처럼 손이 엄청 많아져서 우리를 꼭 잡고 있는 것 같아요"라고 글리세린과 점성에 대한 개념을 설명해주었더니 아이들은 조금은 이해가 되는지 고개를 끄덕였습니다.

05

비닐봉지 공중 부양

비닐봉지 공중 부양, 어떤 놀이일까요?

마트에서 장을 보면 사각형 모양의 비닐봉지가 여러 장 생깁니다. 깨끗한 비닐봉지는 버리지 않고 재활용하기 위해 모아놓습니다. 아마 많은 가정에 이런 비닐봉지가 있을 겁니다. 이 비닐봉지로 아이와 할 수 있는 놀이가 비닐봉지 공중 부양입니다.

우리 집은 이렇게 놀이를 해요

–

준비물 비닐봉지

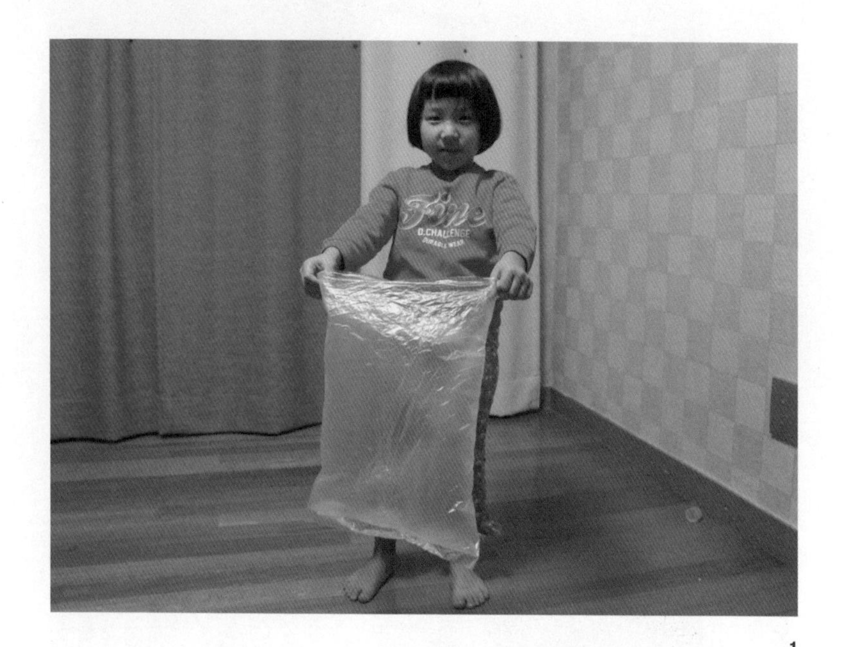

1

놀이 방법

1 **비닐봉지를 한 장 준비하세요.** | 깨끗한 비닐봉지를 한 장 준비합니다. 검은색도 괜찮고 불투명해도 상관없습니다. 아이가 가지고 놀 수 있는 깨끗한 비닐봉지라면 어떤 것이든 괜찮습니다.

2

2 비닐봉지에 공기를 담아서 풍선처럼 만들어주세요. | 비닐봉지를 두 손으로 잡고 공기를 담은 후 끝부분을 잘 묶어줍니다. 이때 아이가 하고 싶다고 하면 아이에게도 공기를 담아보게 해주세요. 아이는 비닐봉지를 잡고 빙그르 돌면서 공기를 담는 것을 무척이나 재미있어합니다.

하지만 비닐봉지를 아이가 뒤집어쓸 수도 있으니 반드시 부모가 옆에서 지켜봐야 합니다.

3

3 비닐봉지로 공중 부양 놀이를 하세요. | 풍선처럼 만든 비닐봉지를 공중으로 던집니다. 비닐봉지가 바닥에 떨어지지 않게 아이와 함께 손과 발로 쳐서 공중으로 올려줍니다.

함께 하면 더 좋은 놀이

–

종이막대 비닐봉지 띄우기

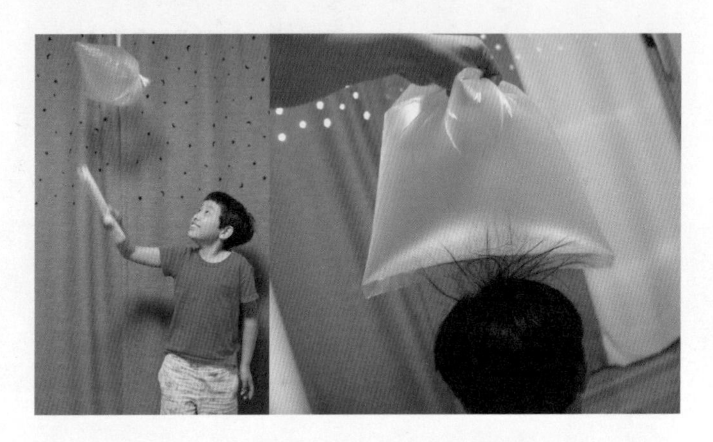

바람을 넣은 비닐봉지를 종이로 만든 막대로 쳐서 띄웁니다. 종이막대로 비닐봉지를 칠 때, 손을 사용할 때와는 또 다른 힘이 들어가는데 이때 멀리 보내거나 높이 띄우기 위해서 힘 조절 능력이 생기게 됩니다. 또는 입바람을 불어서 비닐봉지를 공중에 띄울 수도 있고, 비닐봉지를 옷에 문질러 정전기를 발생시켜서 아이의 머리카락을 세워봐도 재미있습니다.

놀이가 주는 효과

비닐봉지 공중 부양 놀이는 손과 팔, 발과 다리를 이용하면서 아이의 대근육 발달에 도움을 줍니다. 공중에 떠 있는 비닐봉지를 떨어뜨리지 않기 위해서 몸의 움직임이 바빠집니다. 비닐봉지를 손과 발로 차며 공중으로 띄우면서 자신의 신체를 조절하고 통제하는 능력이 생깁니다.

또한 정전기를 이용해 비닐봉지를 공중에 띄우는 것을 보면서 아이는 새로운 호기심이 생기고 과학 현상을 배울 수 있습니다.

초록감성 우성 아빠의 이야기

비닐을 이용한 놀이는 우성이가 3세 때부터 시작되었습니다. 음식을 포장하는 비닐봉지를 입에 물고 아이에게 다가갔더니 '까르르~' 웃는 것이었습니다. 그래서 비닐봉지에 입바람을 불어서 공중으로 띄웠습니다. 아이가 신이 난 것을 보고는 한참 동안 함께 놀았던 추억이 떠오릅니다.

06

새싹 키우기

새싹 키우기, 어떤 놀이일까요?

저는 시골에서 태어나고 자랐습니다. 제가 살던 곳은 논과 밭이 넓게 펼쳐진 곳이었어요. 매년 봄이면 어머니와 아버지는 텃밭에 채소와 나물의 씨를 뿌리고 꽃을 가꾸셨습니다. 상추부터 쑥갓, 부추, 치커리, 취나물, 당귀, 심지어 그 당시 구하기 힘든 고수까지 다양한 채소를 심었습니다. 텃밭에서 수확한 싱싱한 봄 채소와 나물이 밥상에 올라오면 밥에 각종 채소를 넣고 비빔밥을 해 먹었던 추억이 떠오릅니다.

저는 아파트에서 아이와 쉽게 채소를 기를 수 있는 '새싹 키우기'로 씨를 뿌리고 싹이 트는 재미를 맛보았습니다.

우리 집은 이렇게 놀이를 해요

–

준비물 새싹 씨앗, 버리는 플라스틱 용기, 키친타월, 분무기

1

놀이 방법

1 **새싹 씨앗을 준비하세요.** | 마트나 시장에 가면 새싹 씨앗을 쉽게 구할 수 있습니다. 1,000원 매장에 가면 1,000원에 씨앗 한 봉지를 살 수 있습니다. 씨앗은 배추, 무, 보리, 치커리 등 다양한 종류가 있으니 원하는 것으로 준비합니다.

2

2 버리는 플라스틱 용기에 키친타월을 깔아 준비하세요. | 따로 화분을 사지 않고 남는 플라스틱 용기를 이용합니다. 바닥이 깊지 않고 넓은 플라스틱 용기 위에 키친타월을 펼쳐놓고 분무기로 물을 뿌립니다.

3

3 젖은 키친타월 위에 씨앗을 뿌려주세요. | 젖은 키친타월 위에 씨앗을 고르게 펴서 뿌립니다. 아이 손에 씨앗을 적당량 덜어준 후 직접 뿌리도록 해주세요. 씨앗이 일정량으로 고르게 뿌려지면 분무기로 물을 충분히 줍니다.

함께 하면 더 좋은 놀이

–

새싹 덮밥 만들기

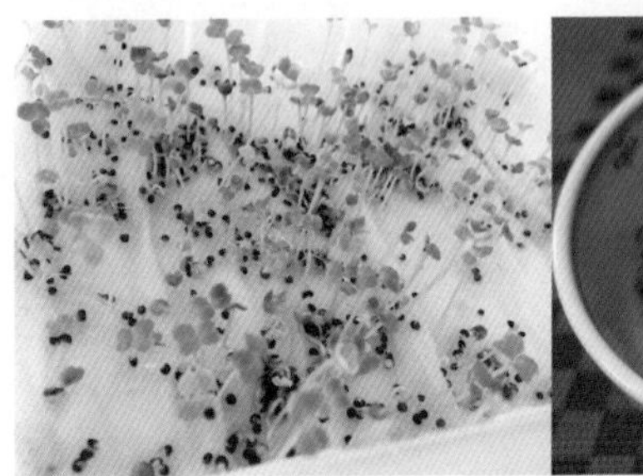

보통 새싹이 자라는 데 일주일 정도 걸립니다. 매일 아이가 물을 주면서 새싹이 돋아나는 모습을 관찰합니다. 새싹이 적당히 자랐을 때 아이들과 새싹을 잘라 덮밥을 만들어 먹었습니다. 이렇게 키운 새싹으로 요리까지 같이 해보니 그 즐거움이 배가 되었습니다.

놀이가 주는 효과

새싹 키우기는 식물이 뿌리부터 줄기까지 자라는 모습을 아이에게 보여줄 수 있는 좋은 기회가 됩니다. 아이는 씨앗에서 어떻게 새싹이 자라나는지 관찰을 할 수 있습니다. 흙 속에 있는 씨앗과는 다르게 뿌리가 자라는 모습을 볼 수 있어 더욱 좋습니다. 이처럼 집 안에서 작은 화분에 씨앗을 심는 것만으로도 자연을 관찰하고 배울 수 있습니다.

어린아이라면 씨앗을 뿌리면서 바닥에 흘릴 수 있습니다. 그렇다고 아이에게 기회를 빼앗지 말고 아이가 할 수 있도록 천천히 도와줍니다. 아이도 혼자서 해보고 싶은 마음이 있으니 차근차근 알려주면 됩니다.

초록감성 우성 아빠의 이야기

봄이 오면 아이들과 함께 상추, 양배추, 강낭콩, 수세미 등을 키우고 있습니다. 얼마 전에 강낭콩과 수세미 씨앗을 심고 나서 첫째 아이가 이렇게 말했습니다.

"아빠, 식물은 좋은 노래를 들으면 잘 자란다고 해요."

오빠의 말을 들은 동생은 장난감 피아노를 가지고 와서 강낭콩 옆에 놓고 음악을 틀어주었습니다. 그리고 잔잔한 노래를 골라 틀어주면서 "식물은 시끄러운 것보다 조용한 것을 좋아해요"라고 말했습니다. 강낭콩 하나를 심으면서도 아이들에게서 '관심과 사랑'이 주는 힘을 배웠답니다.

07

달걀판 패턴 만들기

달걀판 패턴 만들기, 어떤 놀이일까요?

집에서 손쉽게 구할 수 있는 달걀판을 이용해서 패턴을 만들고 배우는 놀이입니다. 달걀을 사면 냉장고에 모두 넣어놓고 달걀판을 모아놓았다가 아이들과 재미있는 시간을 보낼 수 있는 놀이 재료로 이용합니다. "달걀판으로 놀이를 할까요?"라고 말하면 아이가 다용도실에서 달걀판을 꺼내옵니다.

우리 집은 이렇게 놀이를 해요

–

준비물 달걀판, 다양한 모양의 블록

1

2

놀이 방법

1 **달걀판과 모양 블록을 준비하세요.** | 달걀판과 여러 가지 모양과 색을 띠는 달걀 정도 크기의 블록을 준비합니다.

2 **블록의 모양과 색깔에 대해 아이와 함께 이야기를 나눠주세요.** | 달걀판에 블록으로 패턴을 만들기 전에 아이와 함께 블록 모양에 대해 이야기해봅니다. 아이가 모양과 색깔을 모를 경우는 먼저 모양과 색깔에 대해 설명합니다. 아이가 4세 이하라면 모양과 색깔을 세 가지 정도로 분류해서 준비하는 것이 좋습니다.

3

3 달걀판에 블록으로 패턴을 만들어주세요. | 달걀판에 모양 패턴과 색깔 패턴을 아이와 함께 만들어봅니다. 저는 동물과 사물 모양의 지우개를 이용했습니다. 초록색-파란색-노란색-빨간색 그리고 오리-토끼-배-기차-돼지-버스 순서의 패턴을 만들었습니다. 이렇게 색깔 패턴과 모양 패턴을 함께 만들었습니다. 집에 있는 블록이나 장난감을 이용해서 상황에 맞게 패턴 놀이를 하면 됩니다.

함께 하면 더 좋은 놀이

-

달걀판 공중 걷기

30구 달걀판을 10구(5×2) 크기로 잘라줍니다. 30구 달걀판을 2개 이용해서 만들면 10구 달걀판이 6개 만들어집니다. 달걀판을 일정한 간격으로 바닥에 놓습니다. 그리고 아이가 왼발과 오른발로 순서대로 달걀판 위를 걷도록 합니다. 아이는 가벼워서 달걀판 위를 걷더라도 잘 무너지지 않습니다. '왼발, 오른발'이라고 말하면서 패턴을 자연스럽게 알려주세요. 그리고 무너진 달걀판 구멍이 몇 개가 되는지도 세어봅니다.

놀이가 주는 효과

이 놀이를 통해서 아이는 모양과 색깔 그리고 패턴을 배웁니다.

일정하게 반복되는 규칙을 비교하고 대조하면서 아이는 스스로 패턴을 발견하게 됩니다. 자연스럽게 수학의 기초 개념인 패턴을 익히면서 사물 인지능력과 사고력, 집중력이 향상됩니다.

모양 또는 색깔의 한 가지 기준의 패턴을 알게 되고, 모양과 색깔이 조합된 두 가지 기준의 패턴을 습득하게 됩니다.

초록감성 우성 아빠의 이야기

일상에서 우리는 패턴을 많이 볼 수 있습니다. 쉽게는 체크무늬 패턴부터 아침-점심-저녁, 월-화-수-목-금-토-일, 봄-여름-가을-겨울 등 다양한 패턴이 있습니다. 우리 주변에 많이 있는 이러한 구조에 대해 부모가 설명을 해주면 아이가 쉽게 패턴의 개념을 이해하게 됩니다.

보도블록이 깔린 인도를 걷고 있을 때였습니다. 아이가 이상한 모양으로 걷고 있기에 그 이유를 물어보니 "아빠, 빨간색 보도블록은 밟지 말고 걸으세요. 그 색을 밟으면 터질 거예요"라고 한 후 "빨간색 패턴을 가지고 있어요"라고 말하는 것이었습니다.

아이는 장난하는 중에 패턴을 인식하고 제게 설명을 해주었습니다. 자연스럽게 패턴을 배우고 응용하는 아이의 행동에 한참 동안 미소를 지었던 기억이 납니다.

08

숟가락 뒤집어 넣기

숟가락 뒤집어 넣기, 어떤 놀이일까요?

집 안에는 여러 종류의 숟가락이 있습니다. 밥 먹을 때 쓰는 어린이용과 어른용 숟가락, 요구르트를 먹을 때 쓰는 플라스틱 숟가락 등이 있습니다. 어느 날 아이들과 식사를 할 때 식탁 끝에 걸쳐 있던 숟가락이 아이의 손에 맞아서 떨어지는 모습을 보았습니다. 그때 숟가락을 그릇에 집어넣는 놀이가 떠올랐습니다.

우리 집은 이렇게 놀이를 해요

–

준비물 여러 종류의 숟가락, 플라스틱 그릇, 종이 상자

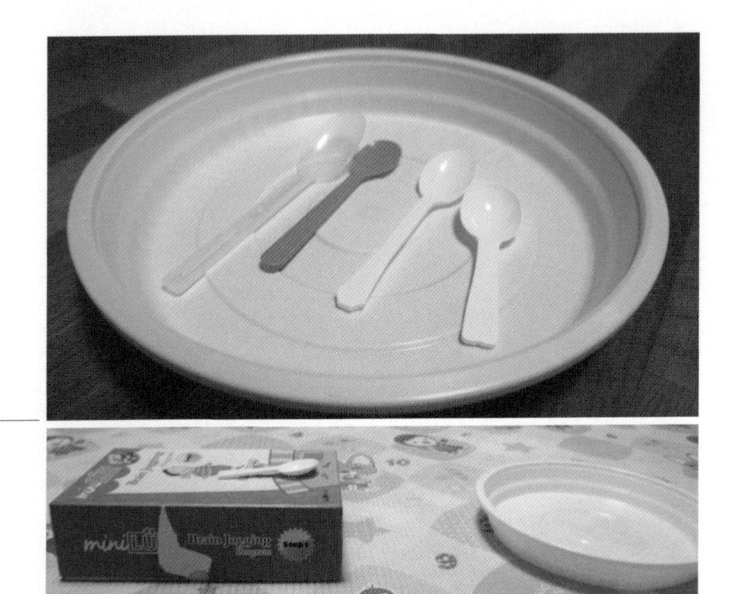

1

2

놀이 방법

1 **숟가락과 플라스틱 그릇을 준비하세요.** | 모양과 무게가 다른 숟가락을 여러 가지 준비합니다. 그리고 넓은 플라스틱 그릇을 준비합니다.

2 **숟가락을 엎어놓을 평평한 받침대를 준비하세요.** | 바닥에서 하면 소음이 발생할 수 있고, 숟가락을 놓는 위치가 그릇보다 너무 낮으면 아이가 숟가락을 뒤집어 그릇에 넣기가 조금 어렵습니다. 저는 딱딱한 종이 상자 위에 숟가락을 놓고 플라스틱 그릇을 옆에 놓았습니다.

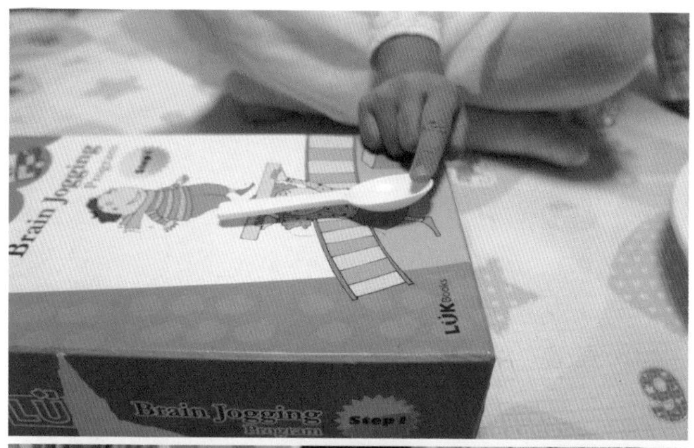

3

3 숟가락 머리 부분을 손가락으로 세게 눌러 그릇에 넣습니다. | 숟가락 머리 부분을 그릇 쪽에 놓고, 손가락으로 세게 눌러 숟가락이 뒤집히면서 그릇에 들어갈 수 있게 합니다. 부모가 먼저 시범을 보여줍니다. 아이는 아직 소근육이 완전하게 발달하지 않았기 때문에 처음에는 잘하지 못합니다. 아이가 할 수 있게 옆에서 잘 설명하고 도와주세요.

함께 하면 더 좋은 놀이

-

플라스틱 그릇 뒤집어 멀리 날리기

플라스틱 그릇을 손으로 뒤집어서 멀리 보내기를 합니다. 또는 종이 상자 끝에 플라스틱 그릇을 3분의 2 정도 걸쳐놓고 손으로 세게 쳐서 누가 더 멀리 날려 보내는지 시합을 하는 것도 좋습니다.

놀이가 주는 효과

손으로 정확하게 숟가락을 눌러서 플라스틱 그릇 안에 집어넣는 놀이입니다. 아이는 숟가락을 뒤집기 위해 손가락을 잘 맞히려고 집중하지만 결코 쉬운 일이 아닙니다. 여러 번 시도한 끝에 정확히 그릇 안에 숟가락을 집어넣으면서 실패와 도전을 배우고 성취감을 만끽하게 됩니다. 또한 이 과정에서 집중력이 향상되고 연습의 중요성을 자연스럽게 깨닫게 됩니다.

초록감성 우성 아빠의 이야기

언제인가 공원에 갔을 때, 바닥에 있는 나뭇가지를 보고 아이에게 "혹시 자치기 알아요?"라고 물어보았습니다. 아이는 "아빠가 전에 알려줬어요. 한번 해봐요"라면서 나무 막대기를 찾아왔습니다. 자치기는 땅바닥에 작은 막대기를 놓고 큰 막대기로 튕겨서 작은 막대기를 멀리 보내는 놀이입니다.
그런데 작은 막대기가 땅바닥에 바짝 붙어서 아이가 아무리 큰 막대기로 쳐도 작은 막대기가 튀어 오르지 않았습니다. 그래서 작은 돌멩이 위에 작은 막대기를 올려주었고 쉽게 막대기가 튕겨 올랐습니다. 이때 아이는 "아빠, 저번에 숟가락 멀리 보내기 놀이처럼 받침대가 있으니 더 잘 돼요"라면서 함께 놀이 했던 기억을 꺼냈지요. 이렇게 아이와 함께 했던 놀이가 서로 연결되어 있다는 사실이 흥미로웠습니다.

09

종이컵 거미손 놀이

종이컵 거미손 놀이, 어떤 놀이일까요?

종이컵으로 아이와 놀이를 한다고 하면 보통 종이컵 쌓기를 많이 생각합니다. 하지만 종이컵을 이용하면 생각보다 다양한 놀이가 만들어집니다. '종이컵 거미손 놀이'는 종이컵으로 할 수 있는 놀이 중에 매우 활동적인 놀이로, 종이컵만 있으면 누구나 쉽게 할 수 있습니다. 1,000원으로 웃음이 끊이지 않는 행복한 놀이를 즐겨보는 것은 어떨까요.

우리 집은 이렇게 놀이를 해요

–

준비물 종이컵

1

놀이 방법

1 **종이컵을 여러 개 준비하세요.** | 저는 남는 종이컵을 모아놓고 종종 종이컵 놀이를 합니다. 종이컵이 많으면 더욱 좋지만 처음 시작한다면 50개 한 줄을 준비해 주세요.

2

3

2 한 명은 던지고 한 명은 거미손으로 막아주세요. | 아이와 1~2m 정도 간격을 유지해서 자리를 잡습니다. 아이에게 종이컵을 한 개씩 뽑으면서 던져줍니다. 이때 아이가 손을 이용해서 종이컵을 막아냅니다.

3 종이컵 던지는 속도를 높여주세요. | 아이가 종이컵을 막는 것에 어느 정도 적응했다면 종이컵을 더욱 빠르게 던져주세요. 아이는 날아오는 종이컵을 정신없이 손으로 막아내면서 웃음이 떠나지 않을 것입니다. 아이가 지치면 역할을 바꿔서 해주세요.

함께 하면 더 좋은 놀이

-

종이컵 쌓기

대표적인 종이컵 놀이는 바로 종이컵 쌓기입니다. 종이컵 쌓기는 유아들이 쉽게 할 수 있는 놀이로, 종이컵을 모두 쌓고 나서 와르르 무너뜨리는 재미 또한 쏠쏠한 놀이입니다. 종이컵을 한 줄로 쌓기와 성 쌓기 등 다양한 만들기를 할 수 있습니다.

놀이가 주는 효과

'종이컵 거미손 놀이'는 매우 단순하지만 아이에게 주는 효과는 강합니다. 날아오는 종이컵을 피하지 않고 손으로 받아쳐내는 순간 아이는 즐거운 성취감을 느낍니다. 움직이는 종이컵의 위치를 눈으로 확인하고, 손으로 정확하게 종이컵을 쳐내면서 협응력과 집중력이 향상됩니다. 또한 빠른 움직임을 통해서 민첩성과 운동능력이 발달됩니다.

무엇보다도 짧은 시간에 집중해서 부모와 신나게 놀 수 있는 것이 종이컵 놀이의 큰 장점입니다.

초록감성 우성 아빠의 이야기

저는 주말에 도서관이나 문화센터에서 아빠와 아이가 함께 하는 놀이 강의를 진행하고 있습니다. 종이컵 놀이를 마치고 집에 돌아갈 때가 되면 아이들은 놀았던 종이컵을 가져가도 되냐고 물어봅니다. 아빠들이 "선생님, 아이가 너무 좋아해서 집에서도 종이컵 놀이를 하자고 해요"라고 말하면, 저는 아이들에게 꼭 종이컵을 가져가라고 합니다. 단순한 놀이이지만 아빠들이 몰라서 못하는 경우가 많았습니다. 많은 부모님들이 종이컵의 매력에 빠져보면 좋겠습니다.

6장

감성을 깨우는 추억 소환 놀이

귤의 변신, 얼굴 그리기 • 교실의 추억, 지우개 따먹기 • 지갑 속을 꺼내라 • 버리는 종이 상자 투구 • 미끄럼틀 종이컵 굴리기 • 세모 땅따먹기 • 추억 연결 고리, 실뜨기

부모의 추억을 공유하자

–

“아빠는 어릴 때 무슨 놀이를 했어요?”
첫째 아이는 종종 제게 이렇게 물어봅니다. 그럴 때마다 저는 어린 시절 친구들과 함께 운동장, 골목, 교실 등에서 몰려다니며 놀았던 기억을 떠올립니다. 친구들과 했던 놀이들을 하나씩 소환하여 아이와 함께 놀아봅니다. 놀이를 하면서 자연스레 저의 어린 시절 이야기를 들려주게 되고 아이도 흥미를 느끼며 집중해서 듣습니다.
‘추억 소환 놀이’ 편은 부모의 추억과 아이의 현재가 포개지면서 서로의 감성을 공유하는 놀이입니다. 엄마와 아빠의 추억 속에 간직된 놀이를 하나씩 꺼내어 아이와 함께 나누는 ‘추억 소환 놀이’를 시작합니다.

01

귤의 변신,
얼굴 그리기

귤의 변신, 얼굴 그리기, 어떤 놀이일까요?

겨울이 되면 많이 먹는 과일 중 하나가 귤입니다. 저희 아이들도 귤을 아주 좋아해서 겨울에는 상자째 사 오는 경우가 많습니다. 껍질을 까기 전에 귤을 가지고 아이와 함께 숫자 세기를 하다가 문득 노란색 바탕의 스마일 아이콘이 떠올랐어요. 그래서 귤껍질에 사람 얼굴을 그려보기로 했습니다.

귤껍질은 까서 버리기 때문에 이곳에 그림을 그려도 괜찮습니다. 또한 귤껍질에 그림 그리는 것을 아이는 매우 좋아합니다.

우리 집은 이렇게 놀이를 해요

–

준비물 싱싱한 귤, 유성 펜

1

2

놀이 방법

1 **싱싱한 귤과 유성 펜을 준비하세요.** | 귤은 아주 작은 것보다 중간 크기가 그림 그리기에 좋습니다. 수성 펜은 잘 지워지고 손에 잘 묻어나니 유성 펜이 좋습니다.

2 **유성 펜으로 사람 얼굴을 그려주세요.** | 저는 그림을 잘 그리지 못하지만 웃는 스마일 모양은 쉽게 그릴 수 있습니다. 간단하게 웃는 표정을 그리고 아이가 직접 그릴 수 있게 유성 펜을 건네줍니다.

3

3 **귤껍질로 장식을 해주세요.** | 유성 펜으로 얼굴을 그리고 나면 눈썹 위의 귤껍질을 까서 머리카락처럼 만들어도 좋습니다. 아이가 그리고 싶어 하는 것을 마음껏 그려볼 기회를 줍니다. 그림을 다 그리고 나면 꼭 칭찬과 격려를 해주세요.

함께 하면 더 좋은 놀이

-

귤 개수 세기와 모양 알아보기

귤을 사 오면 귤의 개수를 아이와 함께 세어보세요. 귤은 동그라미, 공 모양(구형)이라고 알려줍니다. 귤껍질을 까서 안에 있는 귤 알맹이의 수를 세고 절반으로 잘라서 반달 모양과 반구형이라고 설명합니다. 용어가 어렵더라도 꾸준히 듣게 되면 아이가 어렵지 않게 이해하게 될 수 있습니다.

놀이가 주는 효과

그림을 그리는 미술 놀이는 유아의 정서 능력과 창의성 발달에 좋습니다. 그림을 그린다고 하면 일반적으로 스케치북에 그리는 것을 생각하는 경우가 많습니다. 하지만 귤을 재료로 활용하면 아이들이 다양한 각도에서 그림을 그릴 수 있는 장점이 있습니다. 종이보다 귤과 같은 색다른 재료에 그리면 아이들은 더 흥미로워하지요.

그림에 소질이 없는 아이라도 부모가 함께 그림을 그리는 것만으로도 미술을 즐기는 아이가 될 수 있습니다. 아이가 귤껍질에 그림을 그릴 때 스스로 다양한 그림을 그릴 수 있게 기회를 주고 자유롭게 표현하는 시간을 만들어주세요.

초록감성 우성 아빠의 이야기

겨울이 되면 아이와 함께 귤에 그림 그리는 놀이를 자주 하다 보니 귤을 사 오면 아이는 유성 펜을 가지고 옵니다. 아빠와 함께 그림을 그리자고 할 때도 있고 혼자서 그림을 그려 가지고 오기도 하지요.

02

교실의 추억,
지우개 따먹기

교실의 추억, 지우개 따먹기, 어떤 놀이일까요?

제가 초등학교에 다닐 때 친구들과 즐겨 하던 놀이 가운데 하나가 '지우개 따먹기'입니다. 책상 위에서 펼쳐지던 이 놀이는 장난감이 별로 없던 시골에서 자란 제게는 매우 재미있고 쉽게 할 수 있는 놀이였습니다.

어느 날 학교에서 돌아온 우성이가 손에 지우개를 많이 들고 있었습니다. "지우개가 왜 이렇게 많아요?"라고 물어보니 학교에서 친구들과 지우개 따먹기를 해서 가져왔다고 했습니다. 요즘 아이들도 지우개 따먹기 놀이를 하는 것을 보니 무척 반가웠습니다.

우리 집은 이렇게 놀이를 해요

–

준비물 다양한 모양의 지우개(2개만 있어도 돼요),
놀이판으로 사용할 만한 튼튼한 상자 혹은 작은 책상

1

놀이 방법

1 지우개를 준비하세요. | 적당한 크기의 지우개를 준비하세요. 지우개가 너무 작으면 놀이를 하기 어렵습니다. 지우개는 일반적으로 직육면체 모양이지만 동그라미, 삼각형 모양이라도 상관없고, 최소 2개만 있어도 가능합니다.

2

3

2 **놀이판을 준비하세요.** | 튼튼한 상자를 뒤집어서 놀이판으로 사용할 수 있습니다. 만약 적당한 상자가 없다면 작은 책상이나 바닥에서 해도 상관없어요. 놀이판 위에 지우개 2개를 올려놓고 아이와 서로 번갈아가면서 손가락을 이용해 상대편 지우개 위에 내 지우개를 올려놓습니다.

3 **지우개 따는 개수를 정해주세요.** | 상대편 지우개 위에 내 지우개를 올려놓으면 이기는 놀이입니다. 지우개가 많다면 서로 몇 개의 지우개를 나눠서 합니다. 하지만 지우개가 하나씩밖에 없다면 이기는 횟수를 세어줍니다.

함께 하면 더 좋은 놀이

-

지우개 비석 치기

제가 어릴 때 돌을 가지고 많이 하던 놀이가 '비석 치기'입니다. 돌 대신에 지우개를 비석처럼 세워놓으세요. 작은 지우개를 이용해서 비석으로 세워둔 지우개를 맞히는 놀이입니다. 아이와 서로 번갈아가면서 지우개를 던져 비석으로 세워둔 지우개를 넘어뜨립니다. 아이들이 비석 지우개를 넘어뜨릴 때 큰 기쁨을 만끽하게 됩니다.

놀이가 주는 효과

'지우개 따먹기'를 하면서 제 추억 속의 놀이를 아이에게 알려주는 기회가 되었습니다. 아이는 부모의 어릴 적 놀이 추억을 공유하면서 서로 강한 유대감을 형성합니다. 저도 추억의 놀이를 통해서 어릴 때처럼 아이의 눈높이에 맞춰 놀이를 하게 되지요.

작은 지우개를 상대편 지우개 위로 올리려면 집중력이 필요합니다. 또한 정교한 손가락의 움직임을 조절하는 소근육 발달에 도움이 되고 눈과 손의 협응력을 키워줍니다.

초록감성 우성 아빠의 이야기

지우개 따먹기를 하고 나서 아이는 또 다른 놀이가 있냐고 물어보았습니다. 저는 다음번에는 놀이터에서 구슬치기를 하자고 약속했습니다. 어릴 적 친구들과 교실 밖에서 구슬치기하던 기억이 떠올랐기 때문이지요.

03

지갑 속을 꺼내라

지갑 속을 꺼내라, 어떤 놀이일까요?

엄마가 잠깐 자리를 비운 사이에 아기가 가방과 지갑을 뒤져서 온갖 물건을 꺼내 난리가 난 경험이 한 번쯤 있을 겁니다. 돌이 지나면서부터 아이들은 엄마의 가방과 지갑을 뒤지고 싶어 합니다. 무엇이든지 만져봐야 하는 아이들은 가방과 지갑 속에 든 물건을 꺼내 확인하고 싶어 합니다. 그래서 못 쓰는 지갑 안에 사용하지 않는 카드를 넣은 후 아이에게 쥐여주었습니다.

우리 집은 이렇게 놀이를 해요

–

준비물 사용하지 않는 지갑, 각종 카드와 지폐

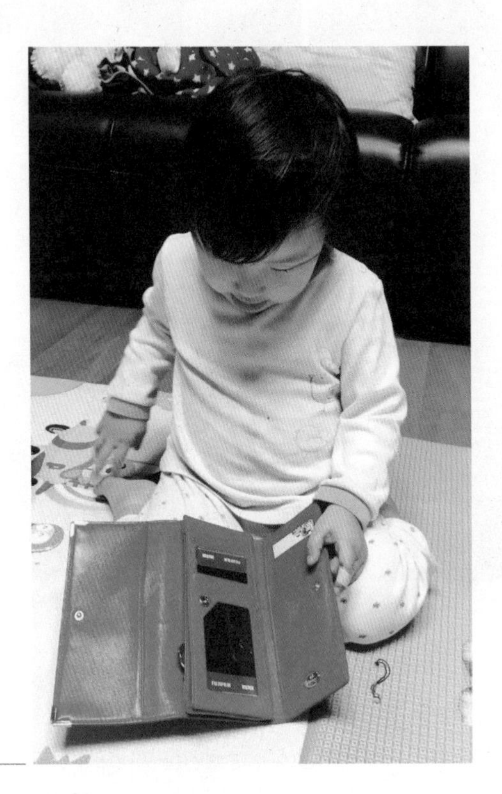

1

놀이 방법

1 **사용하지 않는 지갑에 카드를 넣어주세요.** | 엄마 아빠가 사용하지 않는 지갑을 꺼내 그 안에 사용하지 않는 멤버십 카드, 포인트 카드 등을 넣어주세요. 추가로 동전과 지폐, 사진을 넣으면 좋습니다.

2

3

2 아이와 함께 지갑의 물건을 꺼내세요. | 아이에게 지갑을 쥐여주고 엄마와 아빠는 물건을 하나씩 말하면서 아이가 지갑에서 그 물건을 꺼내도록 유도합니다. 카드, 사진, 동전과 지폐를 말하고 아이가 한 가지씩 꺼내어 보여주면 됩니다.

3 지갑 속에서 물건을 꺼내어 보이면 화려한 리액션을 취해주세요. | 아이가 물건을 꺼내어 보이면 칭찬의 박수를 쳐주세요. 만약 맞는 물건이 아니라도 칭찬의 박수를 보내고 다른 물건을 찾아보라고 격려하면 됩니다. 부모가 보내는 긍정의 리액션에 아이는 더욱 흥겨운 반응을 할 것입니다.

함께 하면 더 좋은 놀이

\-

추억 속의 물건 놀이

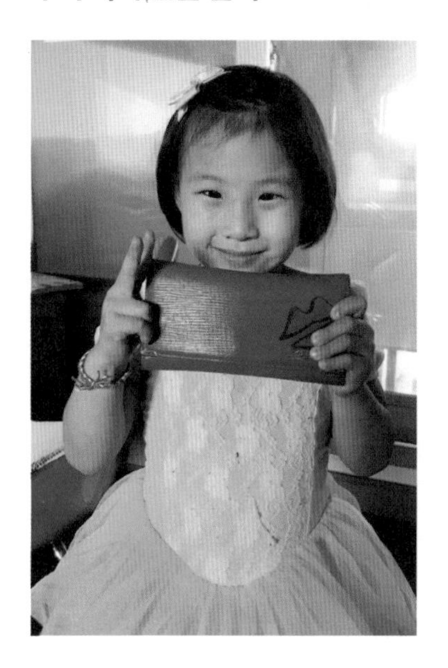

아이가 지갑 속에 들어 있는 사진을 꺼내는 것을 보자 문득 예전 지갑 속에 넣어둔 학생증과 사진이 떠올라 찾아보았습니다. 저의 옛 지갑에는 학생 시절에 찍은 증명사진과 학생증 그리고 아내와 연애하면서 찍은 사진이 들어 있었습니다. 그 사진들을 꺼내 아이에게 보여주었습니다.

아이들은 지금도 아빠의 책상 서랍을 열고 그 안에 있는 지갑을 꺼내 신기하게 바라보곤 합니다. 얼마 전 제 지갑 속에 있는 아내의 사진을 본 승희는 "엄마가 정말 예뻐요"라고 말했습니다. 그 말을 듣는 순간 아내와 연애할 때의 추억이 고스란히 떠올랐지요.

놀이가 주는 효과

아이가 지갑 속에 들어 있는 카드를 빼려고 할 때 잘 빠지지 않습니다. 우성이와 승희도 처음에는 지갑 속에서 카드를 꺼내는 데 한참 걸렸습니다. 아직 아이의 손가락 움직임이 정교하지 않아서 그렇습니다. 아이가 카드를 빼고 넣을 때 시간이 오래 걸릴 수 있는데, 이때 아이가 스스로 할 수 있게 시간을 주고 기다려주세요. 아이가 카드를 꺼냈을 때 화려한 긍정의 리액션을 보여주면 아이는 성취감과 자신감을 얻게 됩니다.

초록감성 우성 아빠의 이야기

부모의 가방과 지갑은 아이들에게 금지 구역이지요. 아이가 부모 지갑에 호기심을 가진다면 쓰지 않는 지갑을 쥐여주세요. 지갑 안에 사용하지 않는 카드와 돈을 넣어두고 아이가 가지고 놀게 해줍니다. 그러면 아이는 호기심과 궁금증을 풀어낼 수 있습니다.

저는 아들에게는 제 지갑을 주었고 딸에게는 엄마의 지갑을 주었습니다. 아이들이 그 지갑을 가지고 한참 동안 놀면서 저희 부부의 옛 추억도 함께 소환되었습니다.

04

버리는 종이 상자 투구

버리는 종이 상자 투구, 어떤 놀이일까요?

택배가 오면 종이 상자가 많이 생기는데 주로 분리수거로 버리곤 합니다. 하지만 저는 종이 상자를 모아두었다가 아이들과 함께 만드는 놀이를 하고 있습니다. 저희 집 아이들은 택배 상자를 직접 뜯는 것을 좋아합니다. 인터넷 쇼핑으로 구매한 캠핑 침낭 택배가 왔을 때 아이들이 종이 상자를 뜯고 있는 모습을 보면서 투구를 만들어야겠다는 생각이 떠올랐습니다. 딱히 손재주는 없지만 아이와 함께 투구를 만들면서 재미있는 시간을 보내고 싶었지요.

우리 집은 이렇게 놀이를 해요

–

준비물 버리는 종이 상자, 가위, 테이프

1

놀이 방법

1 **버리는 종이 상자를 준비하세요.** | 아이의 머리에 잘 들어갈 만한 크기의 종이 상자가 생기면 챙겨놓으세요. 상자에 상품 정보나 그림이 있어도 괜찮습니다. 완벽하게 멋진 투구를 만드는 것이 아니니까요.

2

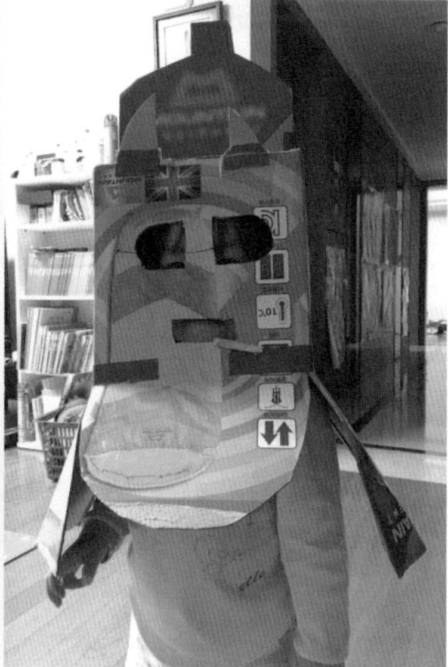

3

2 아이가 가위질하게 도와주세요. | 투구 모양을 생각해서 간단히 펜으로 스케치합니다. 아이가 가위질을 잘 못한다면 엄마 아빠가 조금씩 잘라주고, 아니라면 아이가 스스로 할 수 있게 옆에서 도와줍니다.

3 가위로 자르고 테이프로 장식을 붙여주세요. | 제법 투구 모양이 잡히면 장식을 해줍니다. 아이 머리에 투구를 씌워주고 거울 앞에서 함께 멋진 모습을 보세요.

함께 하면 더 좋은 놀이

-

종이 상자 창 만들기

종이 상자를 길게 말아서 테이프를 붙이고 연결하면 쉽게 창을 만들 수 있어요. 투구를 만들기 전에 종이 상자로 미리 만들어놓은 창을 들고 장수처럼 자세를 취하는 아들을 보고 있자니 웃음이 절로 나왔어요. 아이가 좋아하고 즐기는 만큼 부모도 행복해진답니다.

놀이가 주는 효과

아이는 3세 전후로 가위질에 관심을 가집니다. 처음에는 안전 가위를 이용하는 것이 좋습니다. 가위질은 손을 오므렸다 펼 때 손가락이 상호작용을 하면서 관절과 근육이 쓰여 소근육 발달에 큰 도움을 줍니다.

종이 상자로 투구를 만들 때 아이는 미리 생각해둔 투구 모양으로 만들려고 노력합니다. 그 과정에서 상상력과 창의력이 키워집니다. 아이가 조금 엉뚱하게 만들어도 부모가 간섭하지 말고 스스로 할 수 있게 허용적인 태도를 보이는 것 또한 중요합니다.

초록감성 우성 아빠의 이야기

택배가 왔을 때 상자를 직접 열어 안의 내용물을 보겠다는 아이들을 보면 참 신기합니다. 별것 아니라고 생각한 종이 상자가 아이들에게는 호기심과 놀이의 대상이 되지요. 택배 상자는 아이들에게 배가 되고, 썰매가 되고, 투구가 되는 보물 상자입니다.

05

미끄럼틀 종이컵 굴리기

미끄럼틀 종이컵 굴리기, 어떤 놀이일까요?

어린아이를 키우는 집이라면 집 안에 미끄럼틀이 있는 경우가 많습니다. 저희 집에도 선배에게 물려받은 미끄럼틀이 있는데 아이들은 이것을 아주 유용하게 사용합니다.

아이들은 미끄럼틀을 타기도 하지만 작은 공을 굴리듯이 무언가를 굴려 멀리 보내기도 합니다. 어느 날 우성이가 가지고 놀던 종이컵을 가지고 미끄럼틀에서 굴려보자고 제안했습니다.

우리 집은 이렇게 놀이를 해요

–

준비물 미끄럼틀, 종이컵

1

놀이 방법

1 **미끄럼틀과 종이컵을 준비해주세요.** | 미끄럼틀과 종이컵을 준비해주세요. 종이컵 대신 작은 공이나 원형 블록을 이용해도 괜찮습니다.

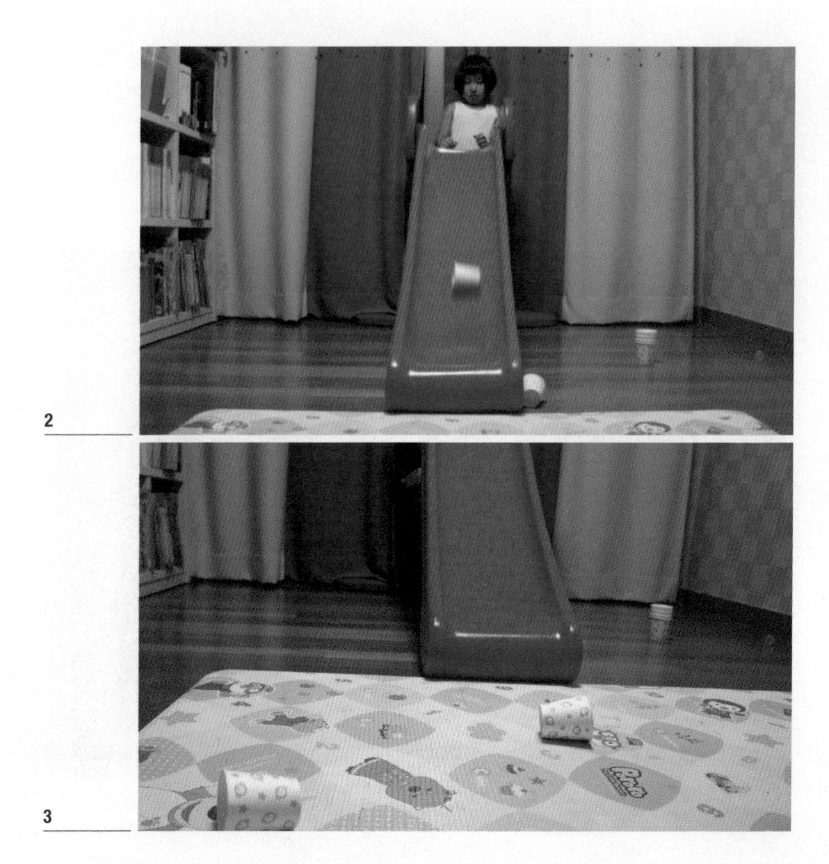
2
3

2 미끄럼틀 위에서 종이컵을 굴려주세요. | 종이컵은 아랫부분과 윗부분의 원의 지름이 다릅니다. 일정하게 앞으로만 가지 않고 삐뚤빼뚤 굴러가지만 미끄럼틀 위에서 굴리기에는 좋습니다. 종이컵을 옆으로 눕혀서 미끄럼틀 위에서 굴립니다. 거실 바닥에 유아용 매트를 깔아놓으면 소음은 걱정 없습니다.

3 누가 멀리 굴리는지 경주해보세요. | 미끄럼틀 위에서 종이컵을 누가 멀리 굴리는지 경주해보세요. 아이와 번갈아 가면서 굴려보거나 함께 출발선에서 동시에 굴리면 아이들은 경쟁심이 생겨서 더욱 열심히 하고 멀리 보내려고 집중하게 돼요.

함께 하면 더 좋은 놀이

-

장애물 무너뜨리기

미끄럼틀 아래쪽에 블록으로 장애물을 만들어놓습니다. 원형 블록을 힘껏 굴려서 아래에 있는 블록 장애물을 넘어뜨리는 경기를 합니다. 다양한 블록을 세워놓고 이 경기를 하면 굴리는 블록의 종류와 무게에 따라서 장애물이 쓰러지거나 그렇지 않기도 합니다.

또한, 바닥에 매트 이외에 담요나 책을 깔아놓고 어느 것이 원형 블록이 굴러가는 것에 유리한지도 아이와 간단히 실험을 해봅니다.

놀이가 주는 효과

아이들은 미끄럼틀 위에서 종이컵을 굴릴 때 멀리 굴러갈 수 있는 방법을 터득합니다. 이때 종이컵의 균형을 맞추기 위해 집중력을 발휘하고 엄마 아빠와의 시합을 통해 정정당당한 승부를 위한 올바른 경쟁심을 배웁니다. 엄마 아빠보다 바퀴를 멀리 굴리거나 블록을 넘어뜨리면서 승리를 통한 성취감을 얻습니다.

종이컵은 굴러가는 소리가 적게 나고 플라스틱으로 된 블록은 소리가 크다는 것을 알게 됩니다. 이때 왜 종이컵의 소음이 적은지 아이와 이야기를 나누어보는 것도 좋습니다.

초록감성 우성 아빠의 이야기

거실에서 큰 비중을 차지하는 미끄럼틀을 정리하려고 해도 아이들이 다양한 놀이로 이용하고 있어서 쉽게 치울 수가 없습니다. 이런 이유로 아이들이 좋아하는 미끄럼틀을 비롯하여 아이들의 짐을 쉽게 버리지 못하나 봅니다.

06

세모 땅따먹기

세모 땅따먹기, 어떤 놀이일까요?

어릴 때 친구들과 자주 하던 놀이 가운데 '세모 땅따먹기'가 있습니다. 학교에서 쉬는 시간이면 노트를 펼쳐서 여러 개의 점을 찍었습니다. 그리고 친구와 서로 번갈아가면서 점선을 이어 삼각형을 만들어 서로의 땅을 늘려가는 놀이입니다.

종이 한 장과 연필만 있으면 누구나 즐길 수 있는 놀이가 됩니다. 점과 선으로 삼각형을 만들면서 땅을 넓혀가는 재미를 알아보겠습니다.

우리 집은 이렇게 놀이를 해요

–

준비물 종이, 펜

1

놀이 방법

1 **종이 위에 점을 그려주세요.** | A4 용지나 노트 위에 점을 그려줍니다. 점과 점 사이의 간격을 너무 좁게 하면 삼각형을 그릴 때 작아지니 약 3cm 간격으로 그리는 것이 좋습니다.

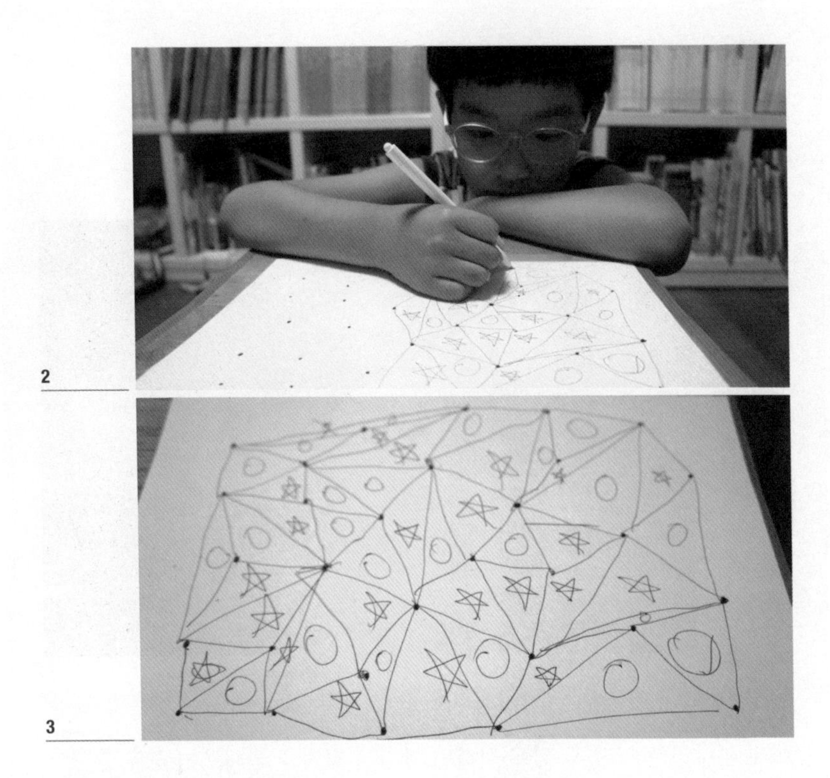
2
3

2 점과 점을 연결해서 삼각형을 만들어주세요. | 종이 위에 점을 모두 그렸다면 아이와 서로 번갈아가면서 점과 점을 연결하는 선을 그려주세요. 삼각형을 만들면 내 땅이 됩니다. 만들어진 삼각형 안에 자신의 땅을 표시할 도형을 정해서 표시를 해주세요. 네모, 동그라미, 세모 등을 표시하면 되고 상대편과 다른 색을 이용하면 구별하기가 편합니다.

3 모든 점을 연결하면 자신의 땅을 세어보세요. | 종이 위에 있는 모든 점을 연결했다면 표시한 땅을 세어 누가 더 많은 수의 땅을 가졌는지 확인합니다. 더 많은 땅을 가지고 있는 사람이 이기는 놀이입니다. 아이가 아슬아슬하게 이길 수 있게 해준다면 더 흥미로운 놀이가 될 것입니다.

함께 하면 더 좋은 놀이

–

종이 사다리 타기

부모의 추억을 아이와 공유할 수 있는 놀이를 많이 해주세요. 종이에 사다리를 그린 후 꽝에 걸리면 가볍게 벌칙을 정해보는 것도 좋습니다. 벌칙으로는 안아주기, 뽀뽀하기, 10분 신나게 놀기 등 아이와 함께 할 수 있는 활동을 정합니다.

놀이가 주는 효과

점과 점을 선으로 이어 삼각형을 만들면서 아이들은 점과 선으로 이루어진 도형을 배울 수 있습니다. 삼각형은 3개의 꼭짓점, 선, 각으로 이루어진다는 것을 도형을 그려가면서 이해하게 됩니다. 또한 땅을 넓히려고 삼각형을 많이 만들기 위해 생각하는 과정에서 관찰력과 공간지각력이 자연스럽게 발달합니다.

초록감성 우성 아빠의 이야기

세모 땅따먹기를 하고 난 후 그 종이에서 사각형이나 오각형 등의 모양을 만들어보는 것도 흥미롭습니다. 삼각형으로 땅을 만들고, 사각형과 오각형으로도 만들어보면서 아이는 도형의 형태를 변과 꼭짓점으로 구분할 수 있다는 것을 배우게 됩니다.

07

추억 연결 고리, 실뜨기

추억 연결 고리, 실뜨기, 어떤 놀이일까요?

엄마들은 대부분 어릴 적에 실뜨기 놀이를 한 추억이 있을 것입니다. 아빠인 저 역시 어릴 때 어머니에게서 실뜨기를 배웠습니다. 실뜨기는 실의 양 끝을 연결하고 두 손으로 실을 건 후 두 사람이 번갈아가면서 다채로운 모양을 만드는 놀이입니다. 특별한 준비물 없이 실 하나로 아이와 함께 즐길 수 있습니다. 그럼 어릴 때 어머니와 즐기던 추억을 소환하여 재미있는 실뜨기 놀이를 시작합니다.

우리 집은 이렇게 놀이를 해요

–

준비물 털실 또는 얇은 끈

1

2

놀이 방법

1 **실의 양 끝을 서로 묶어주세요.** | 아이가 민감한 피부라면 부드러운 털실을 이용하는 것이 좋습니다. 우선 1m 정도의 실을 준비해서 양 끝을 서로 묶어줍니다.

2 **기본이 되는 날틀 모양을 만들어주세요.** | 먼저 한 사람이 실을 두 손에 한 번 감아서 걸고, 가운뎃손가락으로 다른 손에 감긴 실을 걸어 뜹니다. 그 모양을 실뜨기의 기본이 되는 '날틀'이라고 합니다.

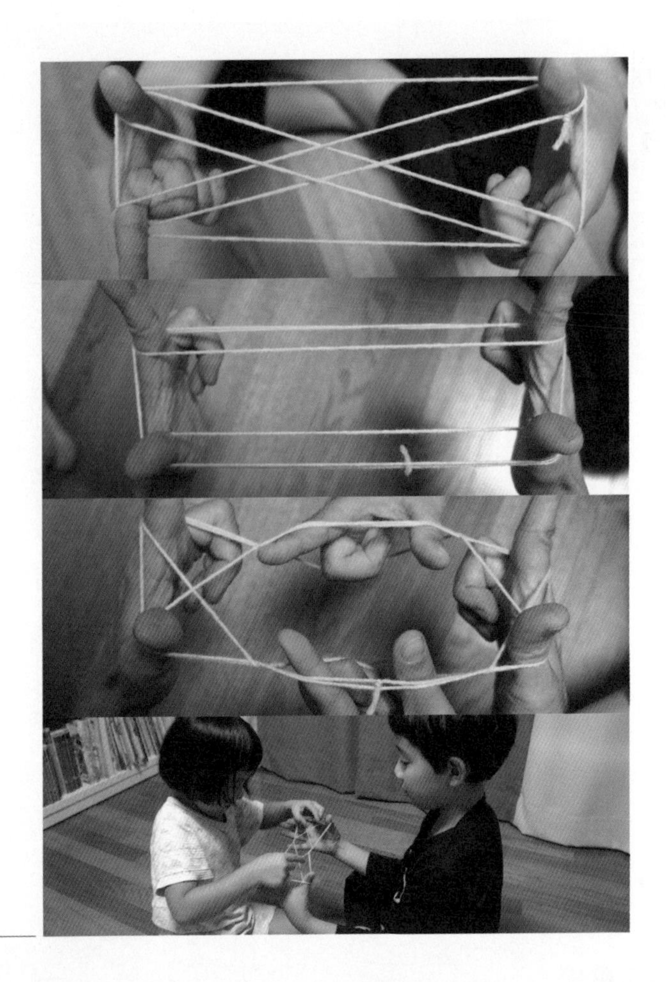

3

3 **'날틀'에서 다양한 모양을 만들면서 놀이를 하세요.** | 실뜨기를 처음 하는 아이라면 엄마와 아빠가 먼저 두 손과 손가락을 이용해 날틀에서 다양한 모양이 만들어지는 것을 보여주세요.

날틀에서 쟁반, 젓가락, 가위, 소의 눈 등 다양한 모양으로 변하는 신기하고 재미있는 실뜨기가 됩니다.

함께 하면 더 좋은 놀이

–

손가락 과자 놀이

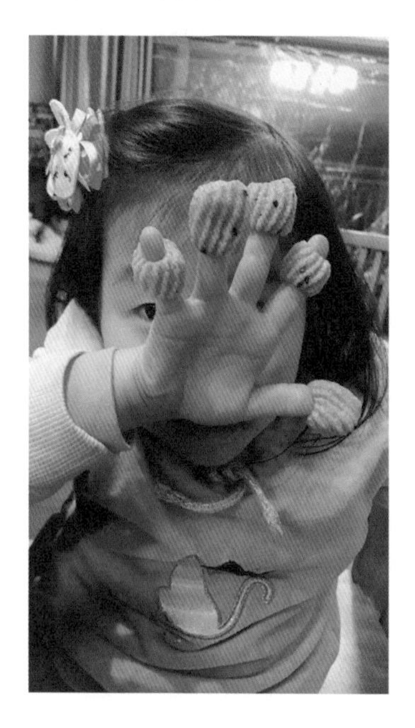

아이의 손가락을 조작하는 놀이입니다. 고깔 모양의 과자와 마카로니 같은 과자를 먹으면서 한 번씩 손가락에 끼워서 놀았던 기억이 있을 것입니다. 부모의 추억을 소환해서 아이와 함께 그 시간을 즐기면 됩니다.

과자를 손가락에 끼우면서 숫자를 세어보기도 하고, 고깔 모양의 과자를 공룡의 발톱이라고 하면서 공룡 놀이를 하기도 했습니다. 엄마 아빠도 과자를 손가락에 끼워 함께 공룡 놀이를 해보세요. 아이가 의외로 이런 단순한 놀이에 즐거워한다는 사실을 깨닫게 될 것입니다.

놀이가 주는 효과

실뜨기는 우리 아이들에게도 재미있는 놀이가 되었습니다. 별다른 준비물 없이 실 하나면 여럿이 즐길 수 있는 놀이가 됩니다. 눈과 손의 상호 협력으로 갖가지 모양을 만들어내는 창의적인 이 놀이를 통해 아이는 양손 근육을 골고루 사용하면서 소근육과 두뇌가 발달합니다.

높은 단계에 이르러 정교한 모양을 만들어내면서 문제 해결 능력을 키우고 어려운 실뜨기에 성공했을 때 성취감을 얻게 됩니다.

초록감성 우성 아빠의 이야기

실뜨기는 인류가 실을 사용하면서부터 생긴 것으로 추정되는 놀이입니다. 그만큼 전 세계적으로 다양한 실뜨기 놀이가 전해지고 있습니다. 이렇듯 실뜨기는 인류 공통의 놀이이자 문화로 지혜와 정서가 녹아 있습니다.

저희 집 식구들은 고향에 가면 사촌들과 할머니와 함께 실뜨기를 즐깁니다. 부모의 어릴 적 놀이가 3대가 함께 즐기는 추억의 연결 고리 역할을 합니다. 실뜨기로 아이와 부모 그리고 조부모까지 서로의 추억을 소환해서 재미있는 시간을 만들어보는 것은 어떨까요.

7장

매일이 새로워지는 경험 놀이

집 안 청소 놀이 • 집밥 요리 놀이 • 종이접기 • 곤충 키우기 • 두뇌 발달 보드게임

반복되는 일상, 꾸준함에 답이 있다

–

지금까지 단편적인 놀이를 주로 소개했습니다. 아이가 성장하면서 한 번만 하고 끝나는 놀이도 많지만, 매일 지속하면서 아이와의 공감대를 끌어내고 유대감을 쌓는 놀이도 점점 많아집니다.

집안일과 요리에 아이를 참여시키는 것을 자연스러운 놀이로 만들었습니다. 아이와 자주 하는 종이접기와 보드게임이 즐거운 놀이가 되었습니다. 아이들이 좋아하는 곤충채집과 곤충 키우기도 꾸준하게 이야기가 만들어지는 놀이가 되었습니다.

'경험 놀이' 편은 반복되는 일상에서 꾸준히 실천하면서 아이의 경험이 차곡차곡 쌓이는 놀이를 소개합니다. 특별한 방법이 필요한 것이 아닌, 하루하루 부모와 아이가 함께 경험하는 이야기로 일상을 더욱 재미있게 만들어주는 마법 '경험 놀이'를 시작합니다.

01

집 안 청소 놀이

집 안 청소 놀이, 어떤 놀이일까요?

아이가 학교에 입학하기 전에 많은 시간을 보내는 곳은 바로 집입니다. 아이는 집에서 엄마 아빠의 모습을 유심히 관찰합니다. 두 돌이 지나면 엄마 아빠가 하는 집안일에 관심을 보이기 시작합니다. 이 시기에 아이는 걸레질을 좋아하고 진공청소기에 관심을 가집니다. 평소에 호기심을 가지고 지켜보던 집안일을 자신이 직접 하게 되면서 아이는 어른이 된 것처럼 마냥 좋아하지요. '집안일 놀이'에 도전해보세요.

우리 집은 이렇게 놀이를 해요

–

준비물 청소 도구

1

놀이 방법

1 **두 돌 전후로 걸레질을 하게 해주세요.** | 아이는 두 돌 전후로 무언가를 닦는 것을 좋아합니다. 특히 물티슈를 아이 손에 쥐여주면 바닥을 열심히 닦고 다닙니다. 이때 엄마 아빠가 거실 바닥, 창문, TV를 닦으면 아이도 따라서 닦는 행동을 합니다. 아직 아이가 힘이 약해 잘 닦지 못하지만, 몸을 움직이면서 팔운동을 하고 청소하는 습관을 들일 수 있습니다.

2

2 대걸레와 진공청소기를 사용하게 해주세요. | 4세 이후부터는 대걸레를 사용할 수 있게 아이 손에 쥐여줍니다. 구석구석 깨끗이 닦을 수는 없겠지만 아이와 함께 하면서 청소의 필요성과 상쾌함을 느끼게 해주세요. 거실을 누가 더 빨리 닦는지 시합을 하거나 엄마 아빠가 진공청소기를 돌리면 뒤따라서 아이가 대걸레질을 하도록 해주세요.

3

3 다양한 집 안 청소 경험을 쌓게 해주세요. | 저는 아이들에게 집 안 청소를 어른이 하는 일로 받아들이지 않게 했습니다. 그저 재미있고 상쾌한 놀이로 여기게 했지요. 그래서 청소를 하면서 재미있는 표정과 행동을 보여주었습니다. 건조대에 빨래한 옷을 널거나, 욕실에서 솔질을 한다거나, 장난감과 책을 정리하는 것에 아이를 적극 참여시켜주세요.

함께 하면 더 좋은 놀이

–

쓰레기 분리수거

재활용 쓰레기 버리기는 아이들이 좋아하는 집안일 가운데 하나입니다. 분리수거를 하러 쓰레기통을 들고 나가려고 하면 아이들은 매번 함께 가자고 합니다. 아이들과 함께 나가 플라스틱, 비닐, 종이, 알루미늄 캔 등을 알려주고 왜 분리수거를 해야 하는지 설명합니다. 아이들은 재활용 쓰레기를 분리수거 통에 넣으면서 재료의 이름과 특성을 배우게 됩니다.

분리수거를 경기하듯이 하면 더욱 좋습니다. 만약 캔을 분리수거할 때 캔을 던져서 분리수거함에 누가 더 많이 집어넣고, 누가 멀리서 던져 넣는지, 캔을 누가 더 납작하게 만드는지 등 시합을 합니다.

놀이가 주는 효과

아이가 집안일에 호기심이 생겼을 때 재미있는 일이라는 인식을 심어주는 것이 중요합니다. 이 시기가 지나면 청소를 일로 받아들일 수 있으니 관심이 많을 때 부모가 나서서 재미있는 놀이처럼 집안일을 해주세요.

아이와 함께 집안일을 하면서 청소의 즐거움을 나누고 유대감을 쌓고 교감할 수 있습니다. 그 시간 동안 아이는 자연스럽게 집안일을 배우면서 좋은 습관이 몸에 배게 됩니다. 그리고 쓰레기 분리수거를 하면서 환경의 소중함을 배우고 청소를 통한 상쾌함과 성취감을 느끼게 됩니다.

또한 유아기부터 집안일을 놀이처럼 하고 부모를 돕는 아이들은 10세 이후에 집안일에 참여하는 아이들보다 좋은 사회성뿐만 아니라 직업적 성공을 이룰 수 있다고 합니다(미네소타 대학 마티 로스만Marty Rossman 교수 연구팀 결과).

초록감성 우성 아빠의 이야기

사실 집안일을 아이에게 맡기고 함께 청소하는 것이 생각보다 번거롭고 어렵습니다. 하지만 아이에게 청소를 스스로 할 수 있게 기회를 주고 부모가 함께 집안일을 놀이처럼 하면 아이는 경험이 쌓이고 점점 잘하게 됩니다. 어른에게는 일이 되는 집안일이지만 아이에게는 놀이처럼 즐거운 경험이 될 수 있습니다.

02

집밥 요리 놀이

집밥 요리 놀이, 어떤 놀이일까요?

주말 아침이면 우성이와 승희는 저에게 새로운 요리를 하자고 제안합니다. 10세인 아들 우성이는 5세 때부터, 6세인 딸 승희는 28개월 때부터 저와 요리를 해왔는데, 이렇게 말하면 대부분의 사람들은 '아빠가 아이에게 간단한 음식을 해준 것'으로 받아들이곤 합니다.

하지만 실제로 아이들이 직접 재료 손질부터 칼질, 조리, 플레이팅까지 모든 과정을 주도하고 있습니다. 주말에 아이들과 함께 집밥을 요리해 먹으면서 유대감을 형성하고 즐거운 추억을 쌓고 있습니다.

우리 집은 이렇게 놀이를 해요

–

준비물 조리 도구, 냉장고 속 재료

1

놀이 방법

1 **처음 요리를 시작한다면 30개월 전후로 참여시켜주세요.** | 4세 아이와 요리를 한다고 하면 어떤가요? 걱정과 불안함 그리고 주방이 한바탕 어질러진 상황이 떠오를 것입니다. 주방에는 위험한 칼, 깨지기 쉬운 그릇, 뜨거운 조리 기구와 음식이 있기 때문에, 처음 시작할 때는 소근육이 어느 정도 발달한 30개월 전후가 좋습니다.

2

3

2 도마와 양배추, 플라스틱 칼을 준비하세요. | 요리를 처음 시작한다면 도마와 잘 잘리는 채소인 양배추, 그리고 케이크 자를 때 사용하는 플라스틱 칼을 준비합니다. 아이에게 앞치마를 입혀주고 칼의 용도와 위험성에 대해 설명해주세요. 칼로 양배추 자르는 방법을 알려주고 아이가 직접 자를 수 있게 기회를 주면 됩니다.

3 경험이 쌓이면 다양한 채소를 자르게 해주세요. | 잘 잘리는 채소로 시작했으면 조금씩 난이도를 높여봅니다. 아이가 칼질에 익숙해졌다면 애호박, 마늘종, 파프리카와 같이 딱딱한 채소에 도전하게 해주고, 당근이나 무와 같이 단계별로 아이가 칼질할 수 있게 해주면 좋습니다.

함께 하면 더 좋은 놀이

–

볶음밥 만들기

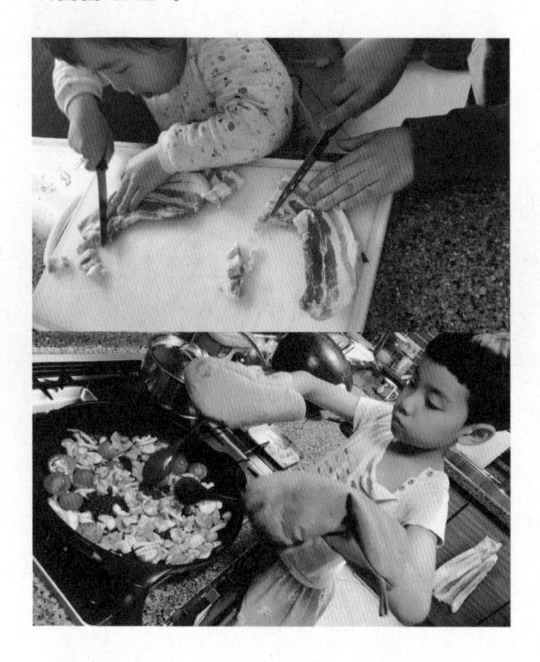

아이가 칼질을 잘하게 되면 난이도를 조금씩 높여서 요리에 참여시켜주세요. 요리 단계는 재료 손질, 양념 만들기, 조리, 음식을 담는 플레이팅 그리고 밥을 다 먹고 나서 설거지까지 일련의 모든 과정에 아이가 참여할 수 있도록 기회를 만들어줍니다.

피자와 만두처럼 복잡한 요리를 하는 것도 좋지만 냉장고에 들어 있는 채소와 고기를 꺼내 간단하게 볶음밥을 만들어보는 것은 어떨까요.

놀이가 주는 효과

음식을 함께 만들면서 아이들과 엄마 아빠는 행복한 유대감을 쌓게 됩니다. 재료 손질부터 조리를 거쳐 음식을 먹고 설거지하기까지의 요리 과정을 익히면서 스스로 할 수 있는 학습능력을 키우고 문제 해결 방법을 배웁니다. 또한 단순히 재료 손질만 하는 것이 아니라 요리하는 전체 과정을 익히기 때문에 사물을 보는 시야가 넓어집니다.

부모와 한 팀을 꾸려 음식을 만들면서 자연스럽게 팀워크를 배워 아이의 사회성 발달에도 도움이 됩니다. 아이가 주도하는 집밥 요리를 통해서 성취감을 얻고 주도성과 리더십을 심어줄 수 있습니다.

칼과 뜨거운 조리 기구를 사용하면서 아이가 다칠 위험도 있겠지만, 부모의 지도 아래 기구의 사용법을 터득하고 위험을 인지하면서 스스로 자립심을 키울 수 있게 됩니다.

캐나다 브리티시컬럼비아 대학 아동병원 재단의 2015년 연구에 따르면, 아이들에게 다소 위험해 보이는 거친 놀이가 아이들의 신체 건강, 창의력, 사회성, 회복탄력성, 자신감에 도움을 준다고 합니다. 68명의 아이들을 두 그룹으로 나눠서 연구한 결과, 풍부한 자극의 환경에서 놀이한 아이의 뇌가 빈약한 자극의 환경에서 놀이한 아이들보다 뇌 활동이 더 활발했다고 합니다. 연구에 참여한 브리티시컬럼비아 대학의 소아과 교수는 "적절한 놀이의 수위가 어디까지인지를 아이가 스스로 판단할 수 있게 하는 것이 중요하다. 스스로 판단할 수 있는 '정신적인 공간'이 아이에게 필요하다. 하지만 많은 부모들이 자녀를 안전한 환경에만 가두려 한다"라고 말하기도 했습니다.

초록감성 우성 아빠의 이야기

저 역시 우성이가 4세 때까지는 주방에 물병으로 바리케이드를 쳐놓고 넘어올 수 없게 했습니다. 그런데 우성이는 걷기 시작하면서 물병 바리케이드 너머로 엄마와 아빠가 주방에서 음식을 만들고 설거지하는 모습을 호기심 어린 눈빛으로 관찰했습니다. 말을 하기 시작하면서 궁금한 것을 물어보고 만지고 싶은 것을 달라고 요구했습니다.

그때 '내가 만약 아이라면 어떤 느낌일까?'라는 생각이 들면서 저도 궁금한 것을 누군가가 못하게 하면 더 궁금증이 생기고 해보고 싶었다는 사실이 떠올랐습니다. 그래서 '아이와 한번 요리를 해볼까?'와 '정말 가능할까?'라는 생각이 교차했지만 아이에게 한번 맡겨보는 것으로 결정했습니다.

03

종이접기

종이접기, 어떤 놀이일까요?

종이접기는 우성이가 4세 때부터 시작했습니다. 처음에 저는 종이접기라면 종이비행기밖에 접지 못했지만 지금은 여러 종류의 비행기뿐만 아니라 아이들과 함께 다양한 종이접기를 하고 있습니다.

둘째 승희와는 5세 때부터 퇴근 후 집에 와서 꾸준히 종이접기를 하고 있습니다. 색종이 한 장이면 동물, 꽃, 시계, 비행기, 왕관 등 다양한 물건이 탄생합니다. 구입한 색종이 1,000장은 점점 다양한 모양으로 변신하고 있습니다.

우리 집은 이렇게 놀이를 해요

준비물 색종이, 종이접기 책

1

놀이 방법

1 **처음이라면 종이비행기부터 시작하세요.** | 많은 사람들이 종이비행기 정도는 접는 방법을 알고 있습니다. 저도 종이비행기만 알고 있어서 그렇게 시작했습니다. 종이비행기가 날아가는 모습을 처음 본 아이는 호기심에 눈이 동그랗게 변하지요. 일단 아는 것부터 시작하세요.

2

3

2 쉬운 종이접기 책을 보고 따라 합니다. | 사실 저는 종이접기를 잘 못하는 편입니다. 아이들과 오랫동안 함께 종이접기를 했어도 실력이 쑥쑥 늘지는 않네요. 초보자라면 4세 정도부터 할 수 있는 쉬운 종이접기 책을 구입해서 아이와 함께 만들어봅니다. 난이도가 높은 책을 사면 낭패를 볼 수 있으니 꼭 쉬운 책을 구입하세요.

3 종이접기 분야를 확장해서 만들기를 해주세요. | 쉬운 종이접기를 마쳤다면 이제 난이도를 한 단계 높입니다. 다양한 종이접기 책을 구입해서 여러 종류를 만들 수 있도록 해주었습니다. 그리고 10분 내의 영상을 선택하여 아이와 함께 보고 종이접기를 합니다. 사실 종이접기 책을 이용해도 좋지만 아직 글을 읽지 못하는 4~6세 아이들에게는 영상을 활용하는 것이 좋습니다. 단, 영상은 10분 내로 짧게 하루에 1개로 규칙을 정해서 보는 것을 추천합니다.

함께 하면 더 좋은 놀이

–

종이접기 전시회

색종이를 1,000장 구매하여 종이접기를 하면서 승희와 약속한 것이 있습니다. 종이접기한 것이 100개가 모이면 전시회를 열기로 했습니다. 그래서 아이와 함께 만든 다양한 종이접기 완성품이 서랍 속에 차곡차곡 쌓이고 있습니다.

하루가 다르게 종이 접는 실력이 늘고 있는 승희는 전시회에 대한 기대감이 커지고 있습니다. 아이가 만든 종이접기로 특별한 전시회를 열어준다면 아이는 100개의 종이접기 완성품으로 강한 성취감을 얻을 것입니다.

놀이가 주는 효과

종이접기는 눈과 손의 협응으로 좌뇌와 우뇌를 고르게 사용합니다. 특히 4~6세 아이들의 소근육 발달과 손가락 운동 능력을 향상시켜주어 두뇌 발달에 도움을 줍니다. 섬세한 작업인 종이접기는 높은 집중력이 필요하여 몰입감을 얻을 수 있습니다.

종이접기 순서를 생각하며 직접 만들면서 인지력과 이해력, 상상력과 창의력이 향상됩니다. 꾸준하게 다양한 종이접기를 하면서 부모와 아이의 정서적 안정감과 유대감이 매우 좋아집니다.

초록감성 우성 아빠의 이야기

종이접기는 승희와 거의 매일 하는 놀이입니다. 단순한 것부터 약간은 복잡한 것까지 종이가 다양하게 변신을 하고 있습니다. 승희가 "아빠, 종이접기해요"라고 말하면 저는 자연스럽게 색종이가 든 상자를 침대 밑에서 꺼냅니다. 아빠와 함께 종이접기 활동을 하면서 승희는 유튜브 채널 〈FennecFox ARTV〉를 통해 자신만의 쉬운 종이접기 방법을 사람들과 나누고 있습니다.

04

곤충 키우기

곤충 키우기, 어떤 놀이일까요?

곤충은 보통 사람에게 해를 끼치는 해충과 이로운 익충으로 나뉩니다. 간혹 곤충이라고 하면 질색하는 아이들도 있지만 많은 아이들은 동물뿐만 아니라 곤충에 관심이 있습니다. 저희 집 남매는 다양한 곤충에 관심이 있어 키우고 채집하는 것을 좋아합니다. 메뚜기, 사마귀, 사슴벌레, 장수풍뎅이, 귀뚜라미 등을 키웠고 심지어 지렁이와 집게벌레를 집에서 키우기도 했습니다. 처음에 저는 곤충 키우는 것이 내키지 않았지만 아이가 좋아하는 것이니 관찰을 할 수 있도록 적극 지원하고 있습니다.

우리 집은 이렇게 놀이를 해요

–

준비물 곤충 키우기 물품

1

놀이 방법

1 **처음 시작한다면 곤충에 대한 책을 읽어주세요.** | 우성이가 3세 때 장수풍뎅이 애벌레를 처음으로 키우게 되었습니다. 굼벵이라고 불리는 애벌레는 보기에도 징그럽고 불편했습니다. 곤충을 잘 알지 못했기 때문에 더 불편했던 것 같습니다. 아이도 부모도 곤충을 키우기 전에 곤충에 익숙해지는 작은 노력이 필요합니다. 곤충에 대한 책을 아이와 함께 읽어서 관심을 키우는 것이 좋습니다.

2

3

2 장수풍뎅이로 시작하세요. | 장수풍뎅이는 집에서 키우기가 그리 어렵지 않습니다. 성충은 2~3개월 정도 사는데 곤충을 키우기로 생각했다면 장수풍뎅이로 시작하면 수월합니다. 장수풍뎅이와 사슴벌레 성충은 외모가 화려하고 멋지기까지 해서 많은 아이들이 좋아합니다. 또한 시중에 장수풍뎅이와 사슴벌레 사육 세트를 많이 판매하니 구하기도 쉽습니다.

3 애벌레를 키우세요. | 알에서 애벌레로, 애벌레에서 번데기로 그리고 번데기에서 성충으로 완전탈바꿈하는 곤충을 키웁니다. 특히 장수풍뎅이는 이런 탈바꿈의 모든 과정을 자세히 관찰할 수 있는 매력적인 곤충입니다. 집에서 키우는 데 큰 노력을 기울이지 않아도 흥미로운 곤충의 변화를 관찰할 수 있습니다.

함께 하면 더 좋은 놀이

-

곤충채집과 표본 만들기

곤충을 잡기 위해 멀리 가지 않아도 아파트 정원이나 공원에서 곤충을 쉽게 찾을 수 있습니다. 여름부터 가을까지 다양한 곤충을 집 주변에서 볼 수 있으니 아이와 함께 곤충채집을 해서 집에서 키워보는 것도 괜찮습니다. 특히 쉽게 채집할 수 있는 메뚜기목은 아이들의 관심을 끌 만합니다. 혹시 부모가 곤충 키우는 것에 거부감이 있더라도 아이가 한 마리 정도는 키울 수 있게 해주어 곤충을 관찰하도록 해주세요.

곤충을 잡기 위해 잠자리채와 채집통을 준비하면 됩니다. 아이에게 곤충의 생김새와 특징에 대해 설명해주세요. 아이가 잠자리를 잡았다면 잠자리의 특징에 대해 말해줍니다. '머리, 가슴, 배로 이뤄져 있고 날개는 두 쌍이다'부터 좀 더 자세하게 '잠자리는 모기와 파리를 잡아먹어서 사람에게 이로운 곤충이다'라고 알려줍니다.

놀이가 주는 효과

아이들은 채집한 곤충을 집에서 키우면서 관찰력과 관심사에 대한 호기심이 더욱 커질 것입니다. 이런 호기심과 관찰력은 아이의 학습 능력을 높이는 밑거름이 됩니다.

현대사회에서 아이들이 동물과 식물 그리고 흙을 만지면서 지내는 시간을 갖기가 쉽지 않습니다. 자연과 동물은 예나 지금이나 사람들에게 많은 영감을 주고 있습니다. 특히 우리가 쉽게 접하는 곤충은 아이들에게 즐거움뿐만 아니라 지식과 지혜를 전해줍니다.

초록감성 우성 아빠의 이야기

저희 집에는 다양한 곤충이 살았고 현재도 살고 있습니다. 장수풍뎅이, 왕사슴벌레, 넓적사슴벌레, 꽃무지, 딱정벌레, 곰벌레, 왕사마귀, 넓적배사마귀, 메뚜기, 여치, 귀뚜라미, 고마로브집게벌레, 잠자리, 개미 등 많은 곤충을 키웠습니다.
곤충을 그리 좋아하지 않았던 저도 이제는 곤충의 탈바꿈을 관찰하는 것이 흥미롭기만 합니다. 아이가 좋아하는 것에 아빠도 관심을 가지고 함께 지켜보고 적극 지원하다 보니 아이와 함께 공유할 수 있는 것이 많아졌답니다. 오빠가 곤충을 좋아하니 여동생도 곤충 애벌레를 서슴없이 손으로 잡고 곤충에 대한 관심이 커지고 있습니다. 또한, 우성이는 세계의 많은 사람들에게 곤충과 동물이 주는 즐거움과 중요성을 알리고자 영어 유튜브 채널 〈WiseSol Animal TV〉를 개설하고 지식과 정보를 나누고 있습니다. 그렇게 우성이는 지구의 동물을 보호하는 곤충학자가 되는 꿈을 키워가고 있습니다.

05

두뇌 발달 보드게임

두뇌 발달 보드게임, 어떤 놀이일까요?

보드게임이란 판 위에서 말이나 카드를 놓고 일정한 규칙에 따라 진행하는 게임을 말합니다. 저는 남매와 함께 체스, 장기, 체커, 정글 탈출 같은 보드게임을 자주 즐깁니다.

아이가 성장하면서 활동이 많아지다 보니 체력의 한계로 정적인 놀이를 하는 방안을 생각했습니다. 맨 처음에는 아이가 생각을 할 수 있는 놀이인 체스와 장기, 체커로 시작했습니다. 사실 저도 체스를 한 번도 접해보지 못해 생소했지만 아이와 함께 배우면서 즐기게 되었습니다.

우리 집은 이렇게 놀이를 해요

–

준비물 다양한 보드게임

1

놀이 방법

1 **처음이라면 알까기로 시작해보세요.** | 보드게임을 시작할 때 아이가 관심을 가질 만한 놀이를 해야 합니다. 6세 이전 아이에게 규칙이 적용되는 보드게임은 어려울 수 있습니다. 따라서 이 시기에는 아이가 좋아할 만한 놀이로 시작하는 것이 좋습니다. 장기를 예로 들면 장기 알을 높이 쌓거나 알까기를 하는 등 자연스럽게 접하게 해주세요.

2

2 6세 이하라면 규칙을 지키지 마세요. | 6세 이하라면 보드게임 규칙을 완벽하게 이해하기 어려운 나이입니다. 체스를 한다고 했을 때 아이가 체스의 말과 게임에 친숙해지도록 규칙 없이 해도 괜찮습니다.

3

3 게임에 생명력을 불어넣어주세요. | 아이와 체스와 장기를 할 때 전장의 전사와 영웅들의 이야기라고 설명해주었습니다. 그러자 아이는 장기의 포는 대포와 같다고 하고, 체스의 나이트는 말을 탄 기사라며 게임에 생명력을 불어넣었습니다. "대포가 날아간다, 내 칼을 받아라!"와 같은 표현을 하면서 아빠와의 게임을 즐겼습니다.

함께 하면 더 좋은 놀이

–

다양한 보드게임에 도전하기

보드게임은 아이의 두뇌 발달에 도움을 줍니다. 대표적인 게임인 체스와 장기뿐만 아니라 다양한 보드게임이 시중에 나와 있습니다. 뒤집기, 체커, 다이아몬드, 쿼리도, 정글 탈출, 축구 게임, 블루마블, 삼국지, 야구 게임 등 아이와 함께 할 수 있는 보드게임의 종류가 많습니다. 게임이 너무 많아서 선택하기 어렵다면 한두 가지를 정해 꾸준히 해보면서 아이의 성향과 실력에 맞추어 다른 것을 선택하는 것이 좋습니다.

놀이가 주는 효과

우선 보드게임을 하면서 아이와 유대감을 형성할 수 있습니다.

보드게임은 처음부터 끝까지 머리를 사용하는 놀이로 활발한 두뇌 활동 과정을 담고 있습니다. 새로운 규칙을 배우면서 관찰력과 집중력이 향상됩니다. 또한 기물이 움직여야 하는 위치를 파악하기 위한 공간지각력이 향상되고 시야가 넓어집니다.

경쟁을 통해서 승부욕이 생기고 이겼을 때 성취감을 얻고 정정당당하게 이기고 지는 방법을 터득하게 됩니다.

초록감성 우성 아빠의 이야기

우성이가 6세 때부터 시간이 나면 체스와 장기 등 보드게임을 자주 했습니다. 그렇다고 아이가 체스와 장기를 월등하게 잘하지는 않습니다. 아이가 아빠와 시간을 함께 보내고 공감할 수 있는 놀이로 접근했고 지금도 여전히 남매와 즐기는 놀이가 되었습니다.

주말 아침에 일어나면 아이와 차를 한잔 마시면서 체스와 장기 그리고 여러 보드게임을 즐기고 있습니다. 우성이는 새로운 보드게임을 접하면 설명서를 읽어 규칙을 파악합니다. 그리고 동생과 아빠에게 규칙을 설명해줍니다. 제가 봐도 복잡하고 어려워 보이는 보드게임도 우성이는 하는 방법을 익히고 동생에게 알려주어 경기에 참여시킵니다.

2년 전 추석, 고향집에 장기판은 없고 장기 알만 있었습니다. 우성이는 "아빠, 장기판을 그려서 할까요?"라고 했습니다. 장기판이 없어도 자연스럽게 달력 뒷면에 그려서 장기를 두었던 것이 생각납니다.

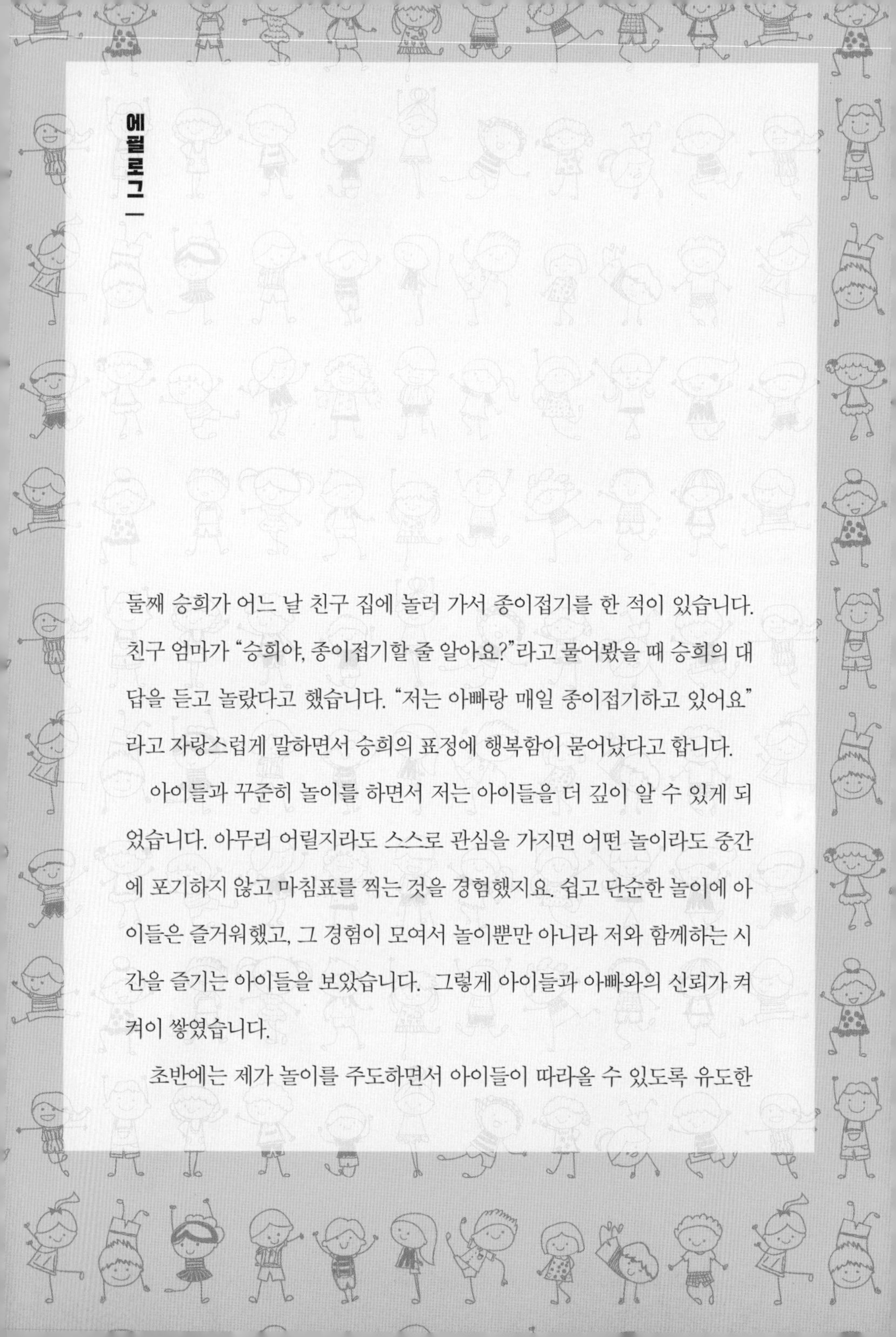

둘째 승희가 어느 날 친구 집에 놀러 가서 종이접기를 한 적이 있습니다. 친구 엄마가 "승희야, 종이접기할 줄 알아요?"라고 물어봤을 때 승희의 대답을 듣고 놀랐다고 했습니다. "저는 아빠랑 매일 종이접기하고 있어요" 라고 자랑스럽게 말하면서 승희의 표정에 행복함이 묻어났다고 합니다.

아이들과 꾸준히 놀이를 하면서 저는 아이들을 더 깊이 알 수 있게 되었습니다. 아무리 어릴지라도 스스로 관심을 가지면 어떤 놀이라도 중간에 포기하지 않고 마침표를 찍는 것을 경험했지요. 쉽고 단순한 놀이에 아이들은 즐거워했고, 그 경험이 모여서 놀이뿐만 아니라 저와 함께하는 시간을 즐기는 아이들을 보았습니다. 그렇게 아이들과 아빠와의 신뢰가 켜켜이 쌓였습니다.

초반에는 제가 놀이를 주도하면서 아이들이 따라올 수 있도록 유도한

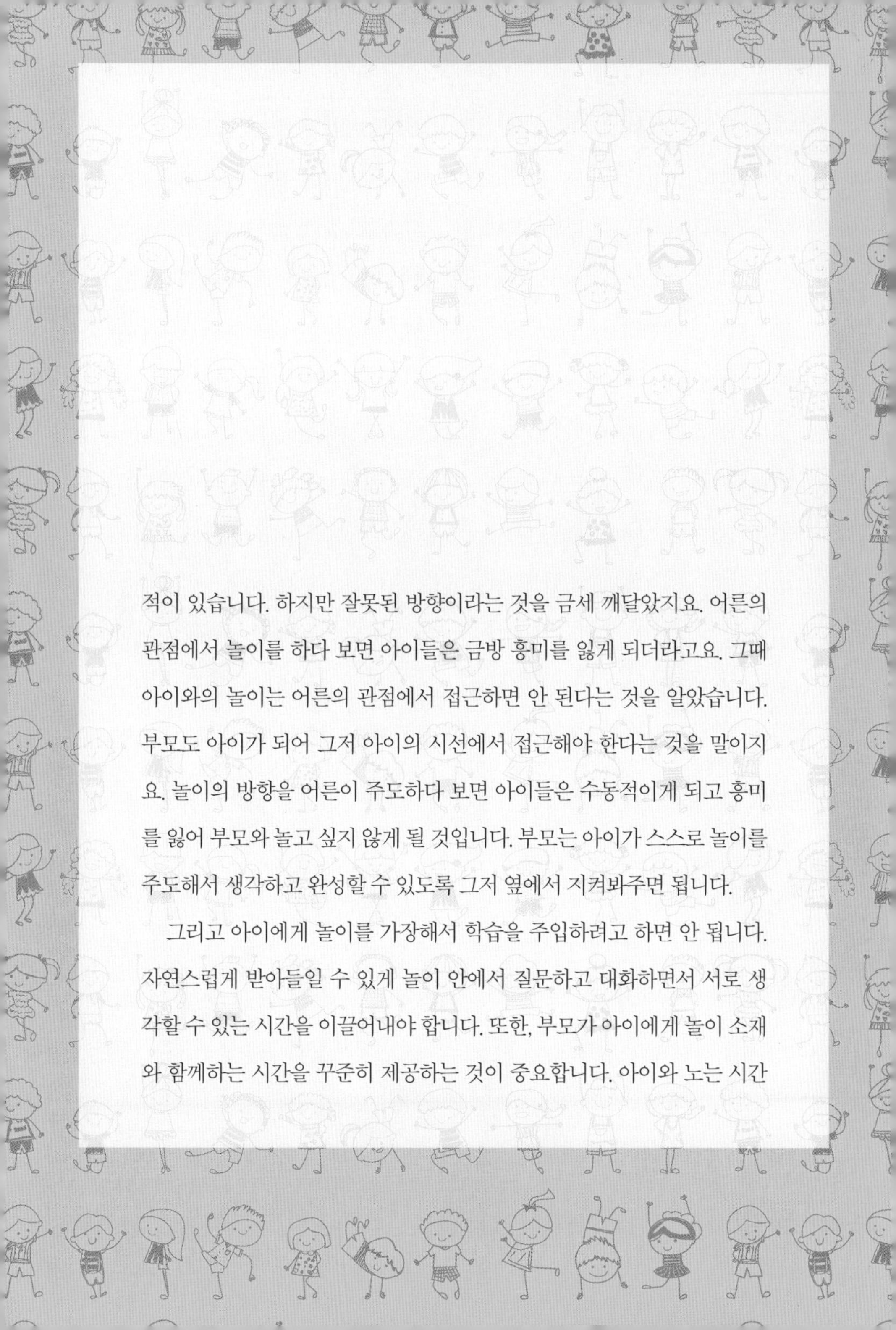

적이 있습니다. 하지만 잘못된 방향이라는 것을 금세 깨달았지요. 어른의 관점에서 놀이를 하다 보면 아이들은 금방 흥미를 잃게 되더라고요. 그때 아이와의 놀이는 어른의 관점에서 접근하면 안 된다는 것을 알았습니다. 부모도 아이가 되어 그저 아이의 시선에서 접근해야 한다는 것을 말이지요. 놀이의 방향을 어른이 주도하다 보면 아이들은 수동적이게 되고 흥미를 잃어 부모와 놀고 싶지 않게 될 것입니다. 부모는 아이가 스스로 놀이를 주도해서 생각하고 완성할 수 있도록 그저 옆에서 지켜봐주면 됩니다.

그리고 아이에게 놀이를 가장해서 학습을 주입하려고 하면 안 됩니다. 자연스럽게 받아들일 수 있게 놀이 안에서 질문하고 대화하면서 서로 생각할 수 있는 시간을 이끌어내야 합니다. 또한, 부모가 아이에게 놀이 소재와 함께하는 시간을 꾸준히 제공하는 것이 중요합니다. 아이와 노는 시간

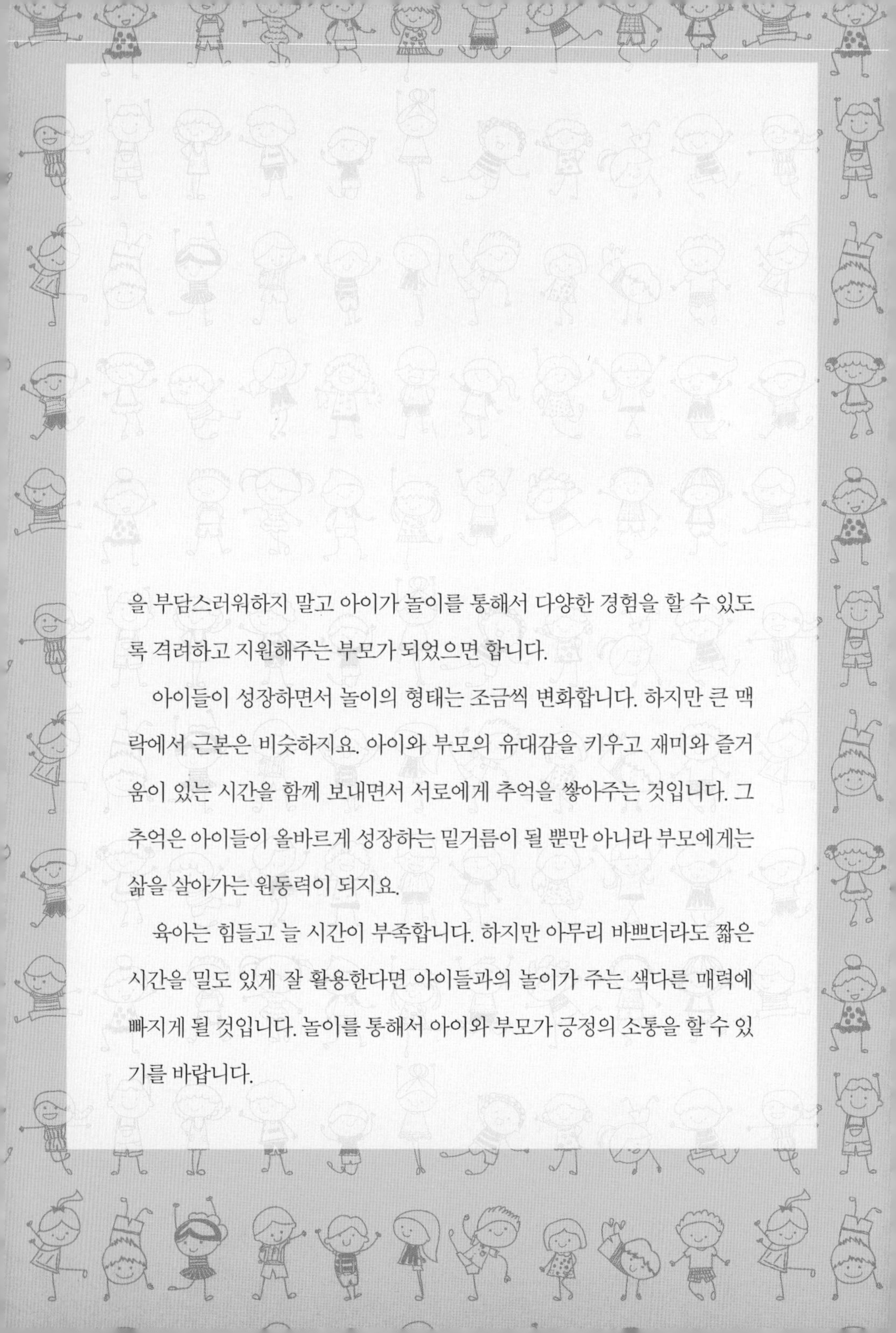

을 부담스러워하지 말고 아이가 놀이를 통해서 다양한 경험을 할 수 있도록 격려하고 지원해주는 부모가 되었으면 합니다.

아이들이 성장하면서 놀이의 형태는 조금씩 변화합니다. 하지만 큰 맥락에서 근본은 비슷하지요. 아이와 부모의 유대감을 키우고 재미와 즐거움이 있는 시간을 함께 보내면서 서로에게 추억을 쌓아주는 것입니다. 그 추억은 아이들이 올바르게 성장하는 밑거름이 될 뿐만 아니라 부모에게는 삶을 살아가는 원동력이 되지요.

육아는 힘들고 늘 시간이 부족합니다. 하지만 아무리 바쁘더라도 짧은 시간을 밀도 있게 잘 활용한다면 아이들과의 놀이가 주는 색다른 매력에 빠지게 될 것입니다. 놀이를 통해서 아이와 부모가 긍정의 소통을 할 수 있기를 바랍니다.

제가 육아에 서툴고, 실수하더라도 항상 격려와 칭찬을 해준 아내에게 감사의 마음을 전합니다. 놀이를 통해서 함께 성장하고 추억을 쌓아온 우성이와 승희에게 사랑을 보내며, 항상 묵묵히 지원해준 부모님에게 감사합니다. 블로그 〈초록감성 아빠육아〉를 구독하고 함께하는 이웃들, 카페 〈기적의 육아 연구소〉에서 영어·독서 육아를 함께하는 가족들 모두 고맙습니다. 이 책의 놀이 일부를 연재한 지식 플랫폼 'CONNECTS'와 출간에 도움을 준 서울문화사 식구들에게 고마움을 전합니다.

오늘부터 5분만이라도 밀도 있게 우리 아이에게 집중해보세요. 그리고 우리 아이는 부모가 생각하고 행동하고 믿는 대로 자란다는 것을 기억했으면 합니다.

기적의 놀이육아

초판1쇄 인쇄 2018년 12월 24일
초판1쇄 발행 2019년 1월 10일

지은이 황성한·황우성·황승희

발행인 이정식
편집인 이창훈
편집장 신수경
편집 정혜리, 김혜연
디자인 디자인 봄에
마케팅 안영배, 신지애
제작 주진만

발행처 (주)서울문화사
등록일 1988년 12월 16일 | 등록번호 제2-484호
주소 서울시 용산구 한강대로 43길 5 (우)04376
편집문의 02-3278-5522
구입문의 02-791-0762
팩시밀리 02-749-4079
이메일 book@seoulmedia.co.kr

ISBN 978-89-263-6627-1 (13590)

• 책값은 뒤표지에 있습니다.
• 잘못된 책은 구입처에서 교환해 드립니다.